oficina de textos

manual de Dosagem de Concreto Asfáltico

Eng.° Jorge Augusto Pereira Ceratti

Eng.° Rafael Marçal Martins de Reis

1ª reimpressão 2014

Grafia atualizada conforme o Acordo Ortográfico da Língua Portuguesa de 1990, em vigor no Brasil a partir de 2009.

Capa e projeto gráfico Malu Vallim
Diagramação e preparação de figuras Douglas da Rocha Yoshida
Revisão de textos Felipe Marques
Impressão e acabamento Vida & Consciência

Dados Internacionais de Catalogação na Publicação (CIP)
(Câmara Brasileira do Livro, SP, Brasil)

Ceratti, Jorge Augusto Pereira
Manual de dosagem de concreto asfáltico / Jorge Augusto Pereira Ceratti, Rafael Marçal Martins de Reis. -- São Paulo : Oficina de Textos ; Rio de Janeiro : Instituto Pavimentar, 2011.

Bibliografia.
ISBN 978-85-7975-041-0 (Oficina de Textos)

1. Concreto asfáltico - Dosagem - Manuais 2. Pavimentação asfáltica I. Reis, Rafael Marçal Martins de. II. Título.

11-12509 CDD-625.85

Índices para catálogo sistemático:
1. Concreto asfáltico : Dosagem : Manuais : Engenharia civil 625.85

Rua Cubatão, 959
CEP 04013-043 – São Paulo – Brasil
Fone (11) 3085 7933 Fax (11) 3083 0849
www.ofitexto.com.br e-mail: atend@ofitexto.com.br

Apresentação

Instituto Pavimentar
Diretoria Executiva
www.institutopavimentar.com.br

O Instituto Pavimentar é uma associação sem fins lucrativos, criada pela Petrobras (Petróleo Brasileiro S.A.), Abeda (Associação Brasileira das Empresas Distribuidoras de Asfaltos) e Aneor (Associação Nacional das Empresas de Obras Rodoviárias), a partir de uma ação inovadora na organização das demandas de treinamento e na gestão do Programa Nacional de Qualificação e Aperfeiçoamento da Mão de Obra do Segmento da Pavimentação Asfáltica.

Esse Programa arrojado foi criado para suprir a necessidade de treinamento para a mão de obra do segmento e disseminar sólidos conceitos teóricos e práticos sobre pavimentação asfáltica.

O controle de qualidade das misturas asfálticas é realizado pelos técnicos de laboratório, responsáveis pela dosagem e controle tecnológico dessas misturas. O livro *Manual de dosagem de concreto asfáltico* busca apresentar a esses profissionais uma referência atual, embasada nas normas da ABNT (Associação Brasileira de Normas Técnicas), sobre as técnicas de laboratório, os materiais de pavimentação e as propriedades dos ligantes asfálticos, das misturas e dos agregados.

O Instituto Pavimentar agradece aos autores a importante contribuição em elaborar uma bibliografia clara e didática sobre o tema e demonstra seu comprometimento com a missão de fomentar a qualificação e o aperfeiçoamento da mão de obra, difundir a cultura de boas práticas e colaborar para a melhoria da qualidade da pavimentação asfáltica no País.

Apresentação

Paulo Roberto Costa
Diretor de Abastecimento da Petrobras

A criação, em agosto de 2009, do Instituto Pavimentar – parceria da Petrobras, da Associação Nacional das Empresas de Obras Rodoviárias (Aneor) e da Associação Brasileira das Empresas Distribuidoras de Asfaltos (Abeda) – representa algo novo e muito importante para o Brasil de hoje: a união dos diversos atores da área de construção de rodovias e vias urbanas para resolver os problemas do setor em um momento privilegiado, em que o país se prepara para sediar eventos do porte da Copa do Mundo e dos Jogos Olímpicos.

Um dos grandes desafios do setor é a qualificação de mão de obra. Essa é uma das principais atribuições do Instituto Pavimentar, que, mediante a realização de cursos profissionalizantes, prepara os trabalhadores para um mercado que vai absorver mais investimentos, gerar empregos e demandar profissionais cada vez mais qualificados.

Dando continuidade a esse trabalho singular e pioneiro, o Instituto Pavimentar lança o manual técnico *Dosagem de Concreto Asfáltico*, obra que vai enriquecer a bibliografia sobre o assunto, contribuindo para melhorar ainda mais a qualificação profissional no setor.

Atuando com ênfase em educação, pesquisa, tecnologia e qualificação, o Instituto reafirma assim o seu esforço para pavimentar os caminhos da dignidade e cidadania para o povo brasileiro.

Apresentação

José Alberto Pereira Ribeiro
Presidente da Aneor

Os investimentos em infraestrutura de transporte cresceram muito nos últimos oito anos, e o país já começou a superar o grande atraso decorrente da ausência do Estado por mais de 20 anos. Os investimentos do Ministério dos Transportes no setor, que até 2002 foram de R$ 1,5 bilhão por ano, passaram para R$ 16 bilhões no ano de 2010. Foi um grande salto, com investimentos elevados durante os últimos quatro anos, que resultaram em uma grande demanda de asfalto e de mão de obra. Junto com a Petrobras e a Abeda, criamos o Instituto Pavimentar e iniciamos a montagem de um ambicioso programa de treinamento e formação de mão de obra para atender as empresas construtoras na área de aplicação de asfalto. É também um programa de inclusão social importante, que permitirá a centenas de trabalhadores ter acesso ao mercado de trabalho ou conseguir promoções econômicas e sociais através de uma melhor qualificação.

Os manuais técnicos *Dosagem de Concreto Asfáltico e Microrrevestimento Asfáltico a Frio* fazem parte desse projeto do Instituto Pavimentar para melhorar a qualificação de nossos trabalhadores. Temos plena consciência de que o caminho para melhorar a qualidade de vida de nossos trabalhadores é distribuir conhecimento e melhorar sua qualificação profissional. A Aneor, a Abeda e a Petrobras se uniram ao criar o Instituto Pavimentar com o objetivo de realizar uma ação cidadã em favor de nossos trabalhadores, e esperamos que os manuais sejam importantes instrumentos para alcançar nossos objetivos de construir um país mais justo socialmente.

Apresentação

Eder Vianna
Presidente da Abeda

A Associação Brasileira das Empresas Distribuidoras de Asfaltos (Abeda), que reúne em sua organização a quase totalidade das empresas de distribuição de asfaltos e fabricantes de emulsões asfálticas, asfaltos especiais e indústria do setor de impermeabilizadores do mercado brasileiro, entende que a melhor e mais eficiente forma de distribuir riquezas é distribuir o conhecimento.

Tal realidade é ampliada quando o conhecimento se volta à área de infraestrutura, em particular aquela direcionada à construção de rodovias e à pavimentação asfáltica.

Despertados por esses desafios, a Abeda, Aneor e Petrobras resolveram criar o Instituto Pavimentar, uma instituição sem fins lucrativos e profundamente envolvida com a tarefa de qualificar profissionais do nível básico e médio para exercer seu esforço de trabalho na área da pavimentação asfáltica.

Trata-se de uma ação cidadã, que tem atraído parceiros que, como nós, livres de quaisquer interesses financeiros, acreditam que a melhor forma de construir um país melhor e mais justo é preparar, pela educação e formação profissional, brasileiros que se sintam felizes com aquilo que ajudam a fazer.

Prefácio

Na dosagem de uma mistura asfáltica, escolhe-se um teor de ligante asfáltico, denominado teor de projeto, a partir de uma faixa granulométrica predefinida e de procedimentos experimentais. Esse teor de projeto varia de acordo com o método de dosagem e depende de parâmetros como forma e energia de compactação, tipo de mistura asfáltica, temperatura de serviço etc.

Atualmente, a dosagem de misturas asfálticas está em processo de evolução, enfatizando-se principalmente o método de compactação em laboratório e buscando-se definir os parâmetros da mistura a partir de seu desempenho. Nesse sentido, o procedimento Superpave, desenvolvido no *Strategic Highway Research Program* dos Estados Unidos, tem sido adotado com uma frequência cada vez maior e constitui a principal tendência de evolução dos procedimentos de dosagem de misturas asfálticas densas.

O presente manual de dosagem tem o propósito de qualificar iniciantes e servir de fonte de consulta aos profissionais que buscam atualizar seus conhecimentos em relação aos materiais e à formulação de misturas asfálticas densas a serem utilizadas em revestimentos de pavimentos. Nesse sentido, é apresentada e discutida a dosagem de mistura de concreto asfáltico pelo método Marshall, mais usado mundialmente e adotado no Brasil, considerando-se na abordagem alguns parâmetros adicionais aos utilizados no método original, de forma a obter melhores resultados na dosagem da mistura asfáltica.

Os autores
Rio de Janeiro, 2011

Sumário

Introdução

O termo concreto caracteriza uma mistura de agregados de graduação densa aglutinados com uma substância ligante. Dependendo da substância ligante, originam-se vários tipos de concretos que recebem designações especiais. Assim, concreto de cimento Portland, quando a substância ligante é o cimento Portland; concreto asfáltico, quando a substância ligante é o asfalto (Castro; Felippe, 1970).

O Instituto de Asfalto norte-americano define o concreto asfáltico como uma mistura à quente, de alta qualidade, constituída por cimento asfáltico e agregado bem graduado, de ótima qualidade, executada sob rigoroso controle de dosagem e compactada numa massa densa e uniforme.

A granulometria da mistura de agregados empregada em um concreto asfáltico deverá ser contínua e bem graduada. Variações na curva granulométrica para o lado grosso darão origem a misturas com texturas mais abertas, enquanto que curvas granulométricas com variação para o lado fino darão origem a texturas mais fechadas.

A dosagem de um concreto asfáltico consiste na escolha, através de procedimentos experimentais, de um teor chamado "ótimo" de ligante, a partir de uma faixa granulométrica pré-definida.

São vários os aspectos a serem considerados na dosagem, e o teor "ótimo" varia conforme o critério de avaliação. Portanto, o mais conveniente é denominar o teor de ligante dosado como teor de projeto, como forma de ressaltar que sua definição é convencional.

1. Recomendações aos usuários e consumidores

As atividades laborais devem seguir a política de Saúde, Meio Ambiente e Segurança (SMS) do local de trabalho. Boas práticas são sempre bem vindas para o sucesso de qualquer tarefa; portanto é essencial que o trabalhador esteja devidamente capacitado e treinado para reconhecer os riscos inerentes à sua profissão.

A utilização do Equipamento de Proteção Individual (EPI) deve fazer parte da rotina do trabalhador. É importante ter o conhecimento do EPI adequado para atividade a ser executada. Dúvidas e questionamentos devem ser sanados. Nunca uma tarefa deverá ser conduzida sem se ter o conhecimento pleno dos riscos que ela oferece. Só assim, o profissional estará apto para proteger a si e aos outros.

Por meio da Ficha de Informação de Segurança de Produto Químico (FISPQ) o trabalhador obtém informações importantes sobre composição química, formas de manuseio, estocagem, orientações em caso de acidentes, entre outras. Conhecê-la é dever de todos que trabalham com produtos químicos.

A Petrobras, em parceria com o Grupo de Trabalho de Segurança, Meio Ambiente e Saúde (SMS) da Comissão de Asfalto do Instituto Brasileiro de Petróleo, Gás e Biocombustíveis (IBP), vem desenvolvendo ações para disseminar a cultura preventiva entre os trabalhadores da pavimentação asfáltica. As informações dispostas a seguir orientam o profissional de pavimentação para as melhores práticas e procedimentos.

1.1 Primeiros socorros para queimaduras

O principal risco associado ao ligante asfáltico é a sua utilização em elevadas temperaturas, como transporte, manuseio, estocagem e usinagem. A utilização de Equipamento de Proteção Individual (EPI) adequado se faz necessária e qualquer contato da pele com o ligante asfáltico a quente deverá ser evitado.

Quando um acidente ocorrer, a área afetada deverá ser esfriada imediatamente em água corrente fria por pelo menos dez minutos, para que o calor não intensifique a queimadura.

Resfriando-se o produto, a camada de ligante que ficou aderida não será prejudicial, pois terá função impermeabilizante e formará uma camada estéril que impedirá complicações posteriores. A remoção deste ligante asfáltico deverá ser realizada após a avaliação de um profissional da área de saúde. Em geral, esta camada se descola após alguns dias.

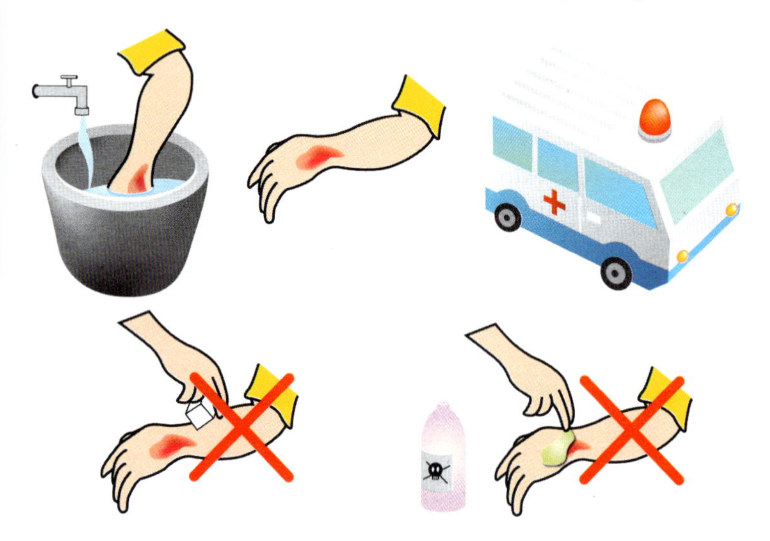

Para queimaduras circunferenciais, onde o cimento asfáltico quente, envolve por completo um punho, ou qualquer outra parte do corpo, o ligante poderá atuar como um torniquete após resfriado e endurecido. Se isso ocorrer, o ligante aderido deverá ser removido, por profissionais da área de saúde, para prevenir a obstrução do fluxo sanguíneo

Queimaduras dos olhos deverão ser tratadas com socorro imediato da vítima, para ser atendida por profissionais especializados. Pessoas despreparadas não deverão tentar remover o ligante.

Para o caso de inalação dos fumos asfálticos, a vítima deverá ser removida para um local fresco e ventilado, o mais rápido possível. Se os sintomas persistirem, um médico deverá ser chamado com urgência.

1.2 Riscos potenciais via inalação

O ligante asfáltico é uma mistura complexa de hidrocarbonetos que não tem ponto de ebulição definido. Quando aquecido, os fumos liberados são compostos, principalmente, por vapores de hidrocarbonetos, material particulado e pequenas quantidades de sulfeto de hidrogênio (H_2S). Em espaços confinados, como tanques de estocagem, é possível que se acumulem vapores de H_2S em concentrações letais no topo do confinamento, por isso é essencial que espaços fechados com possibilidade da presença de H_2S sejam vistoriados e testados antes do acesso ser liberado. Pequenas quantidades de hidrocarbonetos policíclicos aromáticos também são encontrados nos fumos de asfalto, compostos químicos que possuem um conhecido potencial toxicológico, que está sendo investigado por de estudos epidemiológicos em instituições como a IARC (Internacional Agency for Research on Cancer) para se conhecer o risco na saúde do trabalhador. Desta forma boas práticas devem ser sempre adotadas e seguidas para minimizar qualquer exposição.

A inalação de vapores de CAP propicia irritação do trato respiratório, podendo causar bronquite, e danos ao trato gastrintestinal. Vapores de gás sulfídrico concentrados em espaços confinados, como em tanque de CAP, apresentam risco de envenenamento a trabalhadores, especialmente em refinarias.

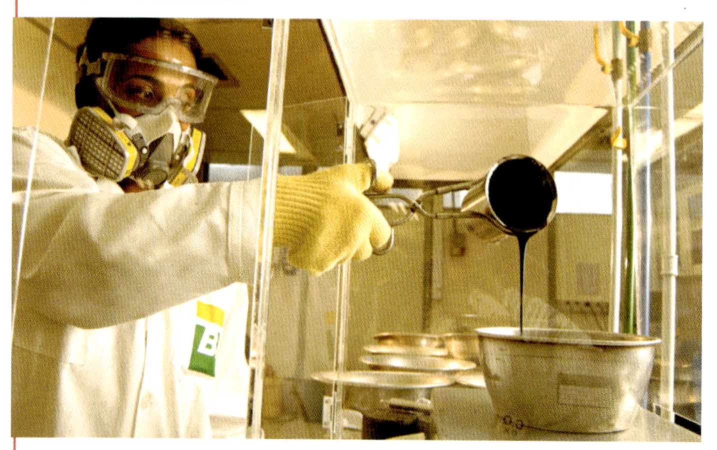

1.3 Equipamentos de Proteção Individual - EPI

O principal risco no manuseio do CAP quente é o das queimaduras relacionadas ao contato com o produto. Por isso, é essencial usar EPIs que proporcionem proteção adequada. Algumas sugestões estão a seguir:

- Luvas resistentes ao calor, com meios de fechamento adequados;
- Protetores para olhos e rosto;
- Máscara contra vapores;

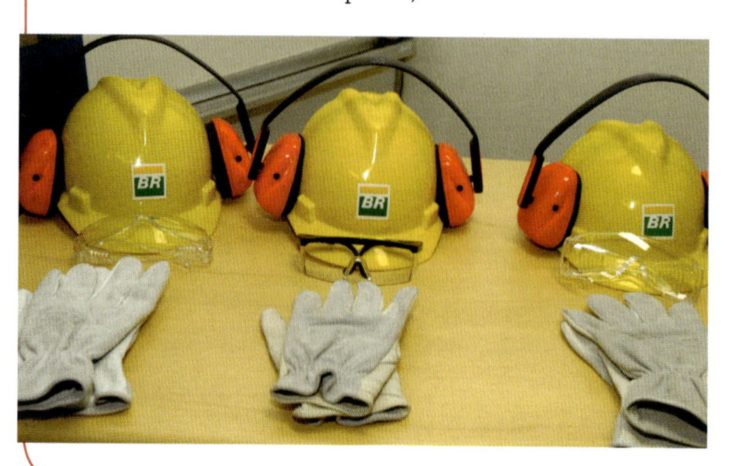

- Macacão ou calça e camisa de manga longa;
- Botas resistentes ao calor, ajustes de fechamento no topo;
- Capacete de segurança com viseira.

1.4 Higiene pessoal

O pessoal que manuseia o CAP deve utilizar cremes de proteção para a pele, principalmente nas mãos e nos dedos. A pele deve ser lavada imediatamente após a contaminação, e sempre antes de comer, beber ou ir ao toalete. A aplicação de cremes antes do manuseio do CAP ajuda na limpeza subsequente, caso ocorra contato acidental com o produto. Cremes não são, contudo, substitutos de luvas e roupas de proteção, pelo que não devem ser utilizados como forma única de proteção.

Para remover o CAP da pele, não se deve utilizar solventes como aguarrás, éter de petróleo, óleo diesel etc., uma vez que podem agravar a contaminação. O método de remoção deverá ser avaliado por um profissional da área de saúde.

1.5 Prevenção e extinção de fogo

A adoção de procedimentos de manuseio seguro reduz substancialmente o risco de fogo. Ocorrendo incêndio, o essencial é que o pessoal esteja adequadamente treinado e bem equipado para combatê-lo. Pequenos focos de fogo podem ser apagados com o uso de pó químico seco, espuma, líquido vaporizante, gás inerte, extintores ou injeção de vapor d'água. Jatos d'água diretos devem ser evitados, pois tendem a espalhar o CAP quente e a propagar o fogo.

Incêndios internos em tanques podem ser extintos por injeção de vapor d'água ou por uma névoa de água no espaço ocupado pelos vapores. Esse método, no entanto, deve ser utilizado tão somente por operadores devidamente treinados, pois a água vaporiza-se instantaneamente ao contato com o CAP quente, podendo desprender espuma e provocar transbordamento do tanque. Alternativamente, extintores de espuma podem ser usados. A espuma assegura que a água fique bem dispersa. A desvantagem desse tipo de extintor é que a espuma se desagrega rapidamente ao ser aplicada ao CAP quente.

Extintores portáteis de espuma, formadores de filme aquoso, e extintores de pó químico seco, são adequados para o ataque inicial aos pequenos focos de fogo. Eles devem estar colocados em locais estratégicos, nas áreas de manuseio do CAP. O tipo e o local de instalação dos equipamentos de ataque principal devem ser discutidos com o corpo de bombeiros ou as brigadas locais de combate a incêndios, antes da instalação.

2. Agregados

O agregado mineral forma o esqueleto que suporta e transmite as cargas aplicadas.

O asfalto é o agente cimentante que une as partículas do agregado e as mantém na posição apropriada para transmitir a carga aplicada pelas rodas dos veículos às camadas inferiores

Para conhecer o desempenho potencial dos agregados, é importante considerar como são formados e o que aconteceu com eles desde então. Antes de serem utilizados em um revestimento asfáltico, é importante lembrar que eles já existem há milhões de anos (tempo geológico). Uma vez associados com ligantes asfálticos, como parte de uma estrutura de pavimento, seu desempenho deve ser considerado em termos de tempo em engenharia, que em obras de pavimentação é medido em décadas.

Os ensaios de laboratório e a experiência prática devem indicar como uma rocha que existe há milhões de anos irá se comportar durante sua vida de projeto em um pavimento. Este é o objetivo dos ensaios de caracterização de desempenho.

O agregado escolhido para uma determinada utilização deve apresentar propriedades de modo a suportar tensões impostas na superfície do pavimento e também em seu interior. O desempenho das partículas de agregado depende da maneira como são produzidas, mantidas unidas e das condições sob as quais irão atuar. A escolha é feita em laboratório onde uma série de ensaios é utilizada para a predição do seu comportamento posterior quando em serviço (Bernucci et al, 2007).

Agregado é um termo coletivo para areias, pedregulhos e rochas minerais em seu estado natural ou britadas em seu estado processado. Há ainda de se considerar os agregados artificiais.

2.1 Classificação dos agregados

Os agregados utilizados em pavimentação podem ser classificados em três grandes grupos, segundo sua natureza, tamanho e distribuição dos grãos.

2.1.1 Quanto à natureza

Quanto à natureza, os agregados são classificados em: natural, artificial e reciclado.

Natural: Inclui todas as fontes de ocorrência natural e são obtidos por processos convencionais de desmonte, escavação e dragagem em depósitos continentais, marinhos, estuários e rios. São exemplos os pedregulhos, as britas, os seixos, as areias etc. Ou seja, os agregados naturais podem ser empregados em pavimentação na forma e tamanho como se encontram na natureza, ou podem ainda passar por processamentos como a britagem.

Artificial: São resíduos de processos industriais, tais como a escória de alto forno e de aciaria, ou fabricados especificamente com o objetivo de alto desempenho, como a argila calcinada e a argila expandida. O tipo de agregado artificial atualmente mais utilizado em pavimentação são os vários tipos de escórias, subprodutos da indústria do aço. Estas podem apresentar problemas de expansibilidade e heterogeneidade, requerendo tratamento adequado para utilização, porém podem apresentar alta resistência ao atrito.

Reciclado: Nesta categoria estão os provenientes de reuso de materiais diversos. A reciclagem de revestimentos asfálticos existentes vem crescendo significativamente em importância e em alguns países já é fonte principal de agregados. A possibilidade de utilização de agregados reciclados vem crescendo em interesse por restrições ambientais na exploração de agregados naturais e pelo desenvolvimento de técnicas de reciclagem que possibilitam a produção de materiais reciclados dentro de determinadas especificações existentes para utilização. Destaca-se também a utilização crescente de resíduo de construção civil em locais com ausência de agregados pétreos.

2.1.2 Quanto ao tamanho

Os agregados são classificados quanto ao tamanho, para uso em misturas asfálticas, em graúdo, miúdo e material de enchimento ou fíler (DNIT 031/2006 - ES):

Graúdo: é o material com dimensões maiores do que 2,0 mm, ou seja, retido na peneira nº 10. São as britas, cascalhos, seixos etc;

Miúdo: é o material com dimensões maiores que 0,075 mm e menores que 2,0 mm. É o material que é retido na peneira de nº 200, mas que passa na de abertura nº 10. São as areias, o pó de pedra etc;

Material de enchimento (fíler): é o material que pelo menos 65% das partículas é menor que 0,075 mm, correspondente à peneira de nº 200, p. ex., cal hidratada, cimento Portland etc.

O tamanho máximo do agregado em misturas asfálticas para revestimentos pode afetar estas misturas de várias formas. Pode tornar instáveis misturas asfálticas com agregados de tamanho máximo excessivamente pequeno e prejudicar a trabalhabilidade e/ou provocar segregação em misturas asfálticas com agregados de tamanho máximo excessivamente grande. A norma ASTM C 125 define o tamanho máximo do agregado em uma de duas formas:

Tamanho máximo: é a menor abertura de malha de peneira através da qual passam 100% das partículas da amostra de agregado.

Tamanho nominal máximo: é a maior abertura de malha de peneira que retém alguma partícula de agregado, mas não mais de 10% em peso.

O material passante na peneira de nº 200 vem sendo designado como pó (Motta et al., 1996) para distingui-lo da definição do DNIT (Departamento Nacional de Infraestrutura de Transporte) de fíler. Esta distinção está relacionada à possível incorporação de parcela dos finos no ligante em uma mistura asfáltica. São definidos limites para a relação pó/teor de ligante, como será visto adiante.

2.1.3 Quanto à distribuição dos grãos

A distribuição granulométrica dos agregados é uma de suas principais características e efetivamente influi no comportamento dos revestimentos asfálticos. Em misturas asfálticas, a distribuição granulométrica do agregado influencia quase todas as propriedades importantes incluindo rigidez, estabilidade, durabilidade, permeabilidade, trabalhabilidade, resistência à fadiga e à deformação permanente, resistência ao dano por umidade induzida etc.

A distribuição granulométrica dos agregados é determinada usualmente por meio de uma análise por peneiramento. Nessa análise, uma amostra seca de agregado é fracionada através de uma série de peneiras com aberturas de malhas progressivamente menores, conforme ilustrado na Fig. 2.1. Uma vez que a massa da fração de partículas retida em cada peneira é determinada e comparada com a massa total da amostra, a distribuição é expressa como porcentagem em massa em cada tamanho de malha de peneira.

De acordo com a norma DNER-EM 035/95 os tamanhos de peneiras a serem usadas na análise granulométrica são aqueles mostrados na Tab. 2.1. Porém, nem todos os tamanhos são necessariamente usados em cada especificação.

A norma DNER-ME 083/98 descreve o procedimento de análise por peneiramento. Os resultados são expressos na forma de tabelas ou gráficos como indicado na Fig. 2.2.

Uma vez que a distribuição granulométrica dos agregados é uma de suas mais importantes características físicas, a subdivisão da graduação em algumas classes auxilia na distinção de tipos de misturas asfálticas. A seguir são denominadas as mais importantes graduações, ilustradas na Fig. 2.2.

- Agregado de graduação densa ou bem graduada é aquele que apresenta distribuição granulométrica contínua, próxima à de densidade máxima;

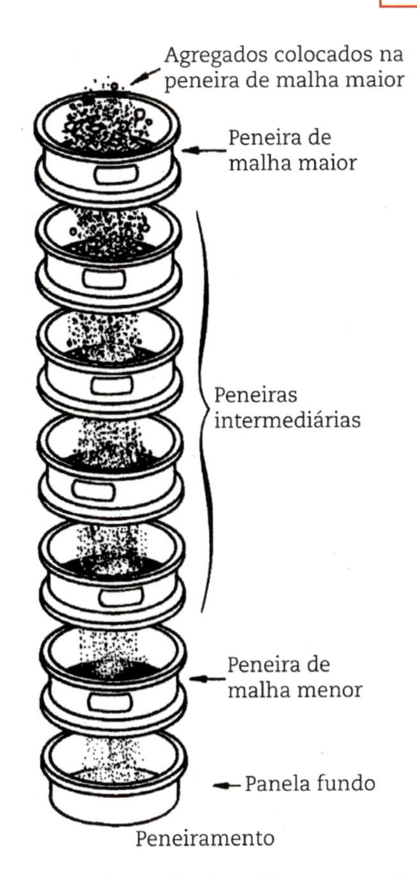

Fig. 2.1 Ilustração da análise por peneiramento

Tab. 2.1 Dimensões nominais das peneiras (DNER-EM 035/95)

Designação da peneira		Abertura da peneira	
Padrão	**Número**	**Milímetros**	**Polegadas**
75,0 mm		75,0	3,0
50,0 mm		50,0	2,0
37,5 mm		37,5	1,5
25,0 mm		25,0	1,0
19,0 mm		19,0	0,75
9,5 mm		9,5	0,375
4,75 mm	4	4,75	0,187

Tab. 2.1 Dimensões nominais das peneiras (DNER-EM 035/95) (cont.)

Designação da peneira		Abertura da peneira	
Padrão	Número	Milímetros	Polegadas
2,36 mm	8	2,36	0,0937
2,00 mm	10	2,0	0,0789
1,18 mm	16	1,18	0,0469
600 µm	30	0,600	0,0234
425 µm	40	0,425	0,0168
300 µm	50	0,300	0,0117
150 µm	100	0,1500	0,0059
75 µm	200	0,075	0,0029

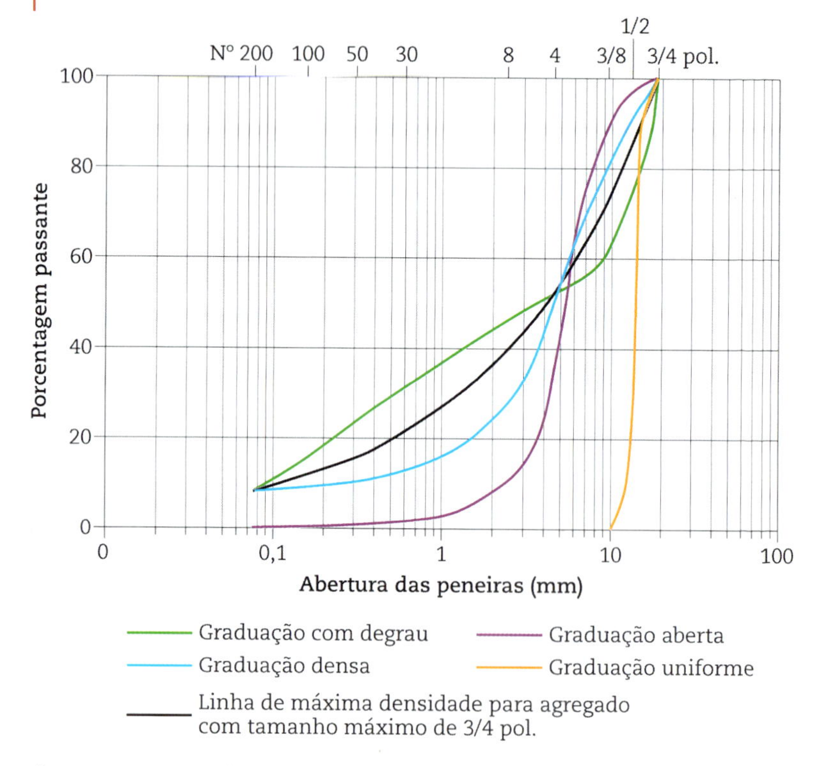

Fig. 2.2 Representação convencional de curvas granulométricas (Bernucci et al., 2007)

- Agregado de graduação aberta é aquele que apresenta distribuição granulométrica contínua e bem graduada, mas com insuficiência de material fino (menor que 0,075 mm) para preencher os vazios entre as partículas maiores, resultando em maior volume de vazios. Nas frações de menor tamanho, a curva granulométrica é abatida e próxima de zero;
- Agregado de graduação uniforme é aquele que apresenta a maioria de suas partículas com tamanhos em uma faixa bastante estreita. A curva granulométrica é bastante íngreme;
- Agregado com graduação descontínua ou em degrau é aquele que apresenta pequena porcentagem de agregados com tamanhos intermediários, formando um patamar na curva granulométrica correspondente às frações intermediárias. São agregados que devem ser adequadamente trabalhados quando em misturas asfálticas, pois são muito sensíveis à segregação.

2.2 Amostragem de agregados

Amostras de agregados são tomadas em pilhas de estocagem, correias transportadoras, silos quentes, ou às vezes de caminhões carregados. Deve-se evitar a coleta de material que esteja segregado, quando obtido de pilhas de estocagem, caminhões ou silos. O melhor local para obter uma amostra é de uma correia transportadora. A largura total de fluxo na correia deve ser amostrada, uma vez que o agregado também segrega na correia.

Uma amostra representativa é formada pela combinação de um número de amostras aleatórias obtidas em um período de tempo (um dia para amostras em correias) ou tomando amostras de várias locações em pilhas de estocagem e combinando estas amostras. As amostras devem ser tomadas atentando-se para o efeito da segregação nas pilhas de estocagem. O agregado no fundo das pilhas é usualmente mais graúdo. O método mais utilizado para amostragem em uma pilha é escalar seu lado, entre o fundo e a ponta, remover uma camada superficial e obter uma amostra debaixo desta superfície.

A norma DNER-PRO 120/97 fixa as exigências para amostragem de agregados em campo. É indicado o material necessário para a coleta de amostras (pá, enxada, lona, caixa de madeira, vassoura, etiqueta), as quantidades de amostras de agregados graúdos e miúdos para a realização de ensaios de caracterização e mecânicos, assim como os procedimentos de coleta. São abordados os procedimentos de amostragem em silos, em pilhas de estocagem, em material espalhado na pista e em veículos. São descritos também as formas de embalagem e os itens de identificação da amostra (natureza, procedência, qualidade, data, local de coleta, responsável, finalidade etc).

Depois de tomadas as quantidades requeridas e levadas ao laboratório, cada amostra deve ser reduzida para o tamanho apropriado aos ensaios específicos, podendo-se usar para isso um separador ou proceder a um quarteamento.

A norma DNER-PRO 199/96 fixa as condições exigíveis na redução de uma amostra de agregado formada no campo para ensaios de laboratório, onde são indicados vários procedimentos para reduzir amostras de agregados.

Um dos procedimentos utiliza um separador mecânico que é um aparelho com várias calhas de igual largura. O número de calhas pode variar de 8 (agregados graúdos) a 20 (agregados miúdos) que descarregam alternativamente em cada lado do separador. A Fig. 2.3 mostra um separador mecânico de amostras. Consiste em se colocar a amostra original em uma bandeja e distribuir uniformemente sobre as calhas do separador, tal que quando o material é introduzido nas calhas, uma quantidade aproximadamente igual deve fluir na parte inferior da calha. O material que for caindo em cada um dos receptáculos inferiores deverá ser reintroduzido na parte superior das calhas tantas vezes quantas forem necessárias até reduzir a amostra original ao tamanho especificado pelo método de ensaio em questão. Deve-se reservar o material contido no outro receptáculo para redução de amostras para outros ensaios, quando forem requeridos.

Fig. 2.3 Equipamento separador mecânico de amostras (foto: MARCONI Equip. Ltda.)

Outro procedimento é chamado de quarteamento. Consiste em se misturar a amostra original manualmente com uma pá sobre uma superfície limpa e plana formando uma pilha de formato cônico. Logo em seguida o cone é achatado formando um círculo com espessura constante. Este círculo é então dividido em 4 quartos iguais. Removem-se 2 quartos opostos de material, conforme a Fig. 2.4. Os outros 2 quartos opostos que sobraram são reunidos e um novo quarteamento é feito da mesma forma como descrito até aqui. Esta operação é repetida até se obter a quantidade necessária requerida pelo ensaio a realizar. Uma alternativa a este procedimento é utilizar-se de uma lona para depositar o material, quando a superfície do terreno for irregular.

2.3 Características tecnológicas

As características tecnológicas são analisadas para aceitação de agregados para misturas asfálticas segundo a maioria das especificações e especialmente as do DNER / DNIT.

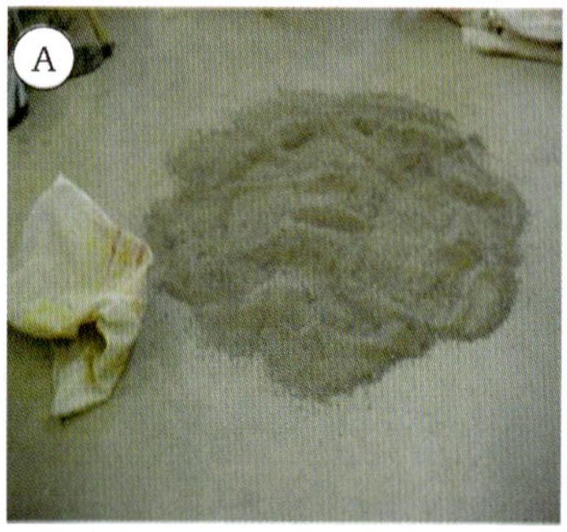

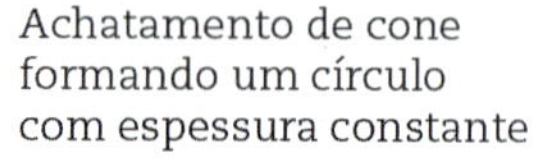
Achatamento de cone formando um círculo com espessura constante

Divisão em quatro partes iguais

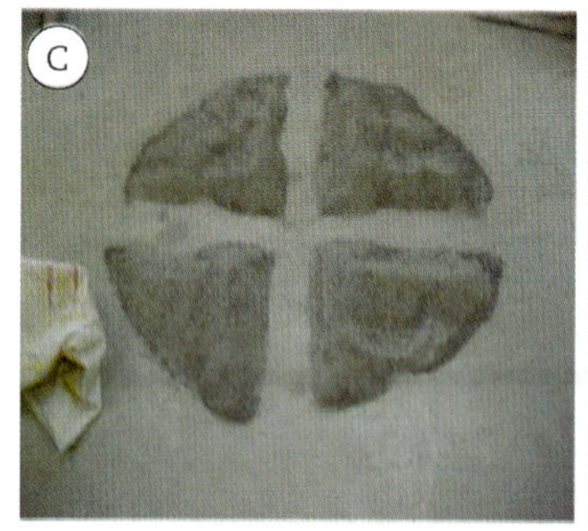

Vista dos quatro quartos iguais

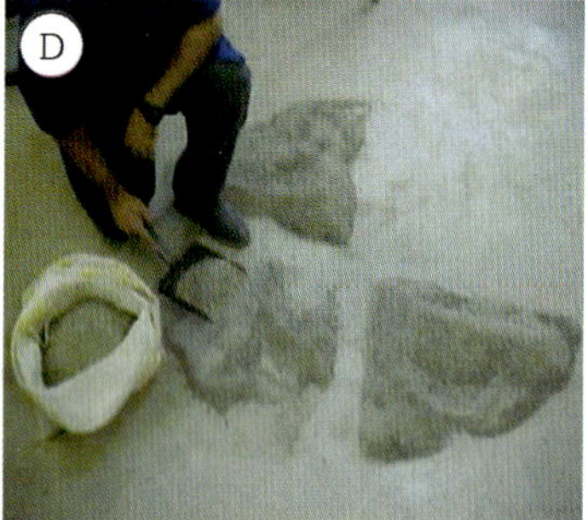

Remoção de dois quartos opostos

Fig. 2.4 Redução de amostra de agregado por quarteamento manual (Bernucci et al., 2007)

2.3.1 Tamanho e graduação

O tamanho máximo do agregado e de sua graduação são controlados por especificações que prescrevem a distribuição granulométrica a ser usada para uma determinada aplicação. Por exemplo, a espessura mínima de execução de uma camada de concreto asfáltico determina diretamente o tamanho máximo do agregado usado nesta mistura asfáltica.

Partículas maiores tendem a proporcionar maior estabilidade e resistência à derrapagem, porém são mais suscetíveis à segregação e podem reduzir a trabalhabilidade da mistura asfáltica durante sua execução. Pelas mesmas razões, recomenda-se que a espessura da camada compactada seja no mínimo de 2 a 2,5 vezes o tamanho máximo do agregado ou 3 a 4 vezes seu tamanho nominal máximo (Asphalt Institute, 2007).

A distribuição granulométrica assegura a estabilidade da camada de revestimento asfáltico, por estar relacionada ao entrosamento entre as partículas e o consequente atrito entre elas.

2.3.2 Limpeza

Alguns agregados contêm certos materiais que os tornam impróprios para utilização em revestimentos asfálticos, a menos que a quantidade destes materiais seja pequena. São materiais deletérios típicos: vegetação, conchas e grumos de argila presentes sobre a superfície das partículas do agregado graúdo, entre outros. As especificações de serviço apresentam limites aceitáveis para a presença destes materiais. A limpeza dos agregados pode ser verificada visualmente, mas uma análise granulométrica com lavagem é mais eficiente.

O ensaio de equivalente de areia, descrito na norma DNER-ME 054/97, determina a proporção relativa de materiais do tipo argila ou pó em amostras de agregados miúdos. Neste ensaio uma amostra de agregado, com tamanhos de partículas menores do que 4,8 mm, medida em volume numa cápsula padrão, é colocada em uma proveta contendo uma solução de cloreto de cálcio-glicerina-formaldeído e mantida em repouso por 20 minutos. Em seguida, o conjunto é agitado por 30 segundos e, após completar a proveta com a solução até um nível pré-determinado, esta é deixada em repouso por mais 20 minutos, conforme mostra a Fig. 2.5. Após este período, é determinada a altura de material floculado em suspensão (h_1). Com um bastão padronizado que é introduzido na proveta, é determinada a altura de agregado depositado por sedimentação (h_2).

O equivalente de areia (EA) é determinado pela Eq. 2.1:

$$EA = \frac{h_2}{h_1} \cdot 100 \qquad (2.1)$$

Por exemplo, para que um agregado possa ser utilizado em concreto asfáltico, o equivalente de areia deve ser de pelo menos 55%.

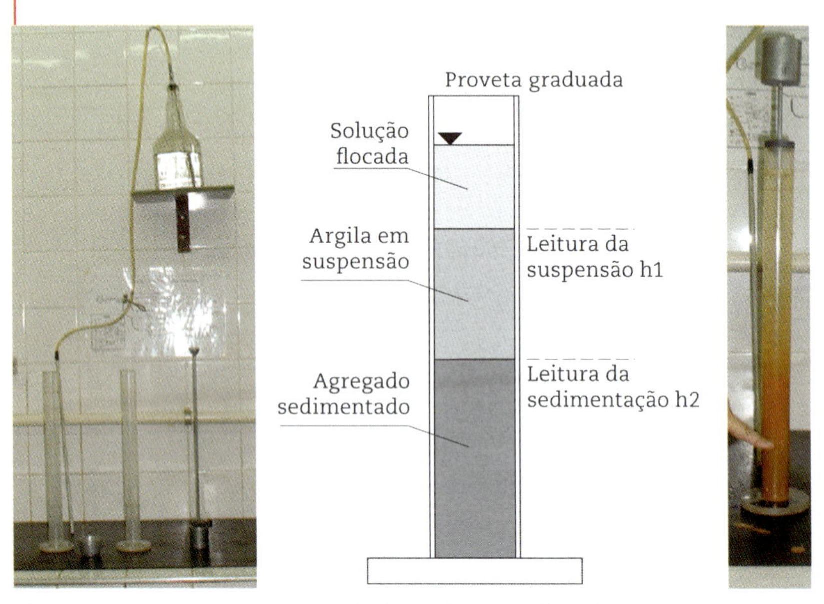

Fig. 2.5 Equipamentos para o ensaio de equivalente de areia e esquema da proveta com os materiais depositados para a leitura final (Bernucci et al., 2007)

2.3.3 Resistência à abrasão

Durante o processo de manuseio e execução de revestimentos asfálticos, os agregados estão sujeitos a quebras e abrasão. A abrasão ocorre também durante a ação do tráfego. Eles devem apresentar habilidade para resistir a quebras, degradação e desintegração. Agregados localizados próximos ou na superfície do pavimento devem apresentar resistência à abrasão maior do que os localizados nas camadas inferiores. O ensaio comumente utilizado para medir a resistência à abrasão é o ensaio de abrasão Los Angeles. Neste ensaio, uma amostra de agregado de cerca de 5.000 g (m_i) é submetida a 500 ou 1.000 revoluções no interior do cilindro de um equipamento padronizado. Um número variado de esferas de aço, conforme a granulometria da amostra, é adicionado no cilindro, induzindo impactos nas partículas durante as revoluções deste. O resultado é avaliado pela redução de massa dos agregados retidos na peneira de nº 12 (1,7 mm) em relação à massa inicial da amostra especificada, conforme a Eq. 2.2:

$$LA = \frac{m_i - m_f}{m_i} \cdot 100 \tag{2.2}$$

Os equipamentos e o procedimento são detalhados nas normas DNER-ME 035/98 para agregados pétreos e DNER-ME 222/94 para agregados sintéticos fabricados com argila. Os limites de aceitação para a abrasão Los Angeles dependem do tipo de aplicação do agregado e das exigências dos órgãos viários. Em revestimentos asfálticos, é desejável uma resistência ao desgaste relativamente alta, indicada por uma baixa abrasão no ensaio de abrasão Los Angeles. As especificações brasileiras que envolvem o uso de agregados em camadas de base e revestimento de pavimentos, normalmente limitam o valor da abrasão Los Angeles (LA) entre 40 e 55%.

2.3.4 Forma das partículas

A forma das partículas dos agregados influi na trabalhabilidade e resistência ao cisalhamento das misturas asfálticas e muda a energia de compactação necessária para se alcançar certa densidade.

Partículas irregulares ou de forma angular, tais como pedra britada, cascalhos e algumas areias de brita tendem a apresentar melhor intertravamento entre os grãos compactados, tanto maior quanto mais cúbicas forem as partículas e mais afiladas forem suas arestas.

Partículas lamelares ou chatas e alongadas são mais suscetíveis à segregação e podem fragmentar-se durante a compactação e vida de serviço do concreto asfáltico. Também requerem maior quantidade de ligante para preenchimento dos vazios do agregado mineral (VAM) da mistura asfáltica (Asphalt Institute, 2007).

A forma das partículas é caracterizada pela determinação do índice de forma (f) em ensaio descrito no método DNER-ME 086/94. Este índice varia de 0,0 a 1,0, sendo o agregado considerado de ótima cubicidade quando f = 1,0 e lamelar quando f = 0,0. É adotado o limite mínimo de f = 0,5 para aceitação de agregados quanto à forma. A Fig. 2.6 mostra o equipamento utilizado para a determinação do índice de forma.

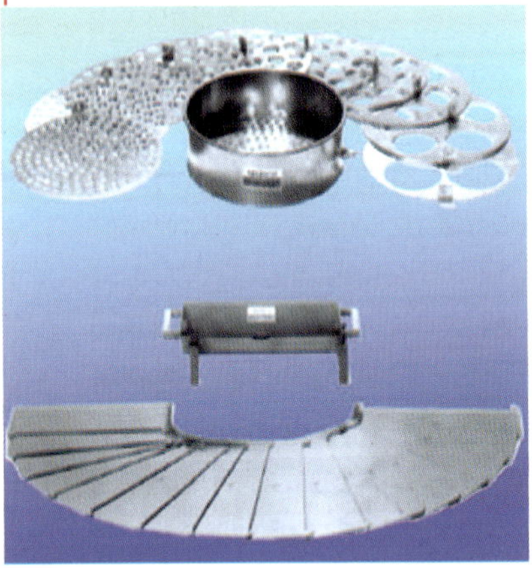

Fig. 2.6 Exemplo de equipamento para determinação do índice de forma (Bernucci et al., 2007)

A forma das partículas pode ser também caracterizada segundo a norma ABNT-NBR 6954/1989, na qual são medidas, por meio de um paquímetro, três dimensões das partículas: comprimento (a), largura (b) e espessura (c). Para a classificação segundo a forma são determinadas e relacionadas entre si as razões b/a e c/b, conforme indica a Tab. 2.2. As partículas

Tab. 2.2 Classificação da forma das partículas (ABNT-NBR 6954/1989)

Média das relações b/a e c/b	Classificação da forma
b/a > 0,5 e c/b > 0,5	Cúbica
b/a < 0,5 e c/b > 0,5	Alongada
b/a > 0,5 e c/b < 0,5	Lamelar
b/a < 0,5 e c/b < 0,5	Alongada-lamelar

são classificadas em cúbica, alongada, lamelar e alongada-lamelar. A Fig. 2.7 ilustra agregados de forma predominantemente lamelar e cúbica.

Fig. 2.7 Agregados de forma predominantemente lamelar e cúbica (Foto: Abeda, 2009)

2.3.5 Absorção

A porosidade de um agregado é normalmente indicada pela quantidade de água que ele absorve quando imerso. Um agregado poroso irá também absorver ligante asfáltico, consumindo parte do ligante necessário para dar coesão a uma mistura asfáltica. Para compensar este fato, deve-se incorporar à mistura uma quantidade adicional de ligante.

A absorção é a relação entre a massa de água absorvida pelo agregado graúdo após 24 horas de imersão (DNER-ME 081/98) à temperatura ambiente e a massa inicial de material seco, sendo determinada para permitir o cálculo das massas específicas, real e aparente, do agregado.

Agregados com elevada porosidade normalmente não são utilizados em misturas asfálticas, pois além de consumirem maior quantidade de ligante, podem apresentar porosidade variável conforme a amostragem, o que dificulta o estabelecimento correto do teor de ligante, podendo resultar em excesso ou falta do mesmo. A escória de aciaria, a laterita e alguns tipos de basaltos e agregados sintéticos são exemplos de materiais que podem apresentar alta porosidade.

2.3.6 Adesividade ao ligante asfáltico

O efeito da água em separar ou descolar a película de ligante asfáltico da superfície do agregado pode tornar este agregado inaceitável para uso em misturas asfálticas. Como consequência, tem-se a perda de resistência da camada de revestimento asfáltico levando à aceleração do processo de trincamento e/ou deformações permanentes, à desagregação, à abertura de buracos, reduzindo consideravelmente a vida útil dos pavimentos (Bernucci et al., 1999).

Estudo de Kandhal (1992), mostra que em alguns estados norte-americanos, a perda de adesão entre o filme de ligante e a superfície do agregado, por causa da ação da água na interface, pode ser responsável por cerca de 30 a 50% dos defeitos observados. Este fenômeno de superfície ocorre em função do agregado ter uma maior atração pela água que pelo asfalto, rompendo assim a ligação adesiva entre eles.

A natureza dos agregados, principalmente do fíler mineral, exerce uma considerável influência na adesão do ligante asfáltico. Os agregados ácidos ou eletronegativos (altamente silicosos) são hidrofílicos (granitos, gnaisses, quartzitos etc.) e, portanto, mais suscetíveis à ação da água que os agregados básicos ou eletropositivos (basaltos, diabásicos, calcários etc.) (Whiteoak, 1990).

A perda de adesão também pode ocorrer se o agregado estiver contaminado com pó na sua superfície. O uso de pedras limpas evita o isolamento da película de ligante asfáltico com o material pétreo. Também a composição química, estrutura mineralógica e as características físicas do agregado (textura superficial, forma e porosidade), têm uma importante influência no comportamento adesivo (Asphalt Institute, 1987).

Combinação de agregados que apresenta composições químicas e mineralógicas distintas podem ser suscetíveis à ação da água. Por exemplo, uma mistura asfáltica em que os agregados graúdos são provenientes de rocha basáltica ou calcária e os agregados miúdos são compostos de granitos e areias silicosas, podem apresentar má adesão ao asfalto (Asphalt Institute, 2007).

A água pode entrar na estrutura do pavimento principalmente por secagem incompleta de agregados durante a produção de misturas a quente, por fissuras ou trincas na superfície do revestimento e/ou ascensão por capilaridade proveniente das camadas inferiores ou do subleito. A Fig. 2.8 mostra a ação da deletéria da água na interface do revestimento asfáltico.

Alguns fatores fazem com que o pavimento seja mais suscetível à ação da água, tais como: regiões de clima úmido sujeitas a tráfego elevado, misturas com alto teor de vazios e baixo conteúdo de ligante asfáltico (efeito de poropressão por ação do tráfego), compactação inadequada, drenagem ineficiente do pavimento, alto conteúdo de argila e pó aderido à superfície do agregado.

Fig. 2.8 Ação da água na interface do revestimento asfáltico (Foto: Abeda, 2009)

Os ensaios para determinação das características de adesividade podem ser subdivididos em dois grupos: aqueles que analisam o comportamento de partículas de agregados recobertas por ligante asfáltico, considerando a adesão ativa agregado-ligante e aqueles que analisam o desempenho adesivo e coesivo de determinadas propriedades mecânicas de misturas sob a ação da água.

No método DNER-ME 078/94 a mistura asfáltica não compactada é imersa em água e as partículas cobertas pelo ligante asfáltico são avaliadas visualmente. Dois procedimentos de laboratório para avaliação da resistência à água de misturas asfálticas ganham popularidade nos EUA e no Brasil em razão da sua praticidade e da boa correlação com o campo, respectivamente.

O primeiro é um ensaio expedito e qualitativo que estima visualmente a porcentagem da área dos agregados que se mantém recobertos pela película de ligante após um determinado tempo em que uma amostra da mistura asfáltica (ASTM D-3625) ou de agregados graúdos é imersa em água fervente (ABNT NBR 14329). Valores mínimos de 90% são considerados satisfatórios.

O segundo procedimento para avaliação da suscetibilidade à ação da água é denominado ensaio Lottman Modificado (AASHTO T-283 ou ASTM D-4867) e pertence à atual especificação por desempenho americana de ligantes e misturas asfálticas a denominada Superpave – Superior Performance Asphalt Pavements. Em 2008, este ensaio foi utilizado como referência na elaboração da Norma Brasileira ABNT NBR 15617 para a determinação do dano por umidade induzida, possibilitando a avaliação quantitativa da eficiência da adesividade na interface ligante / agregado em misturas asfálticas densas tipo concreto asfáltico, pela ação deletéria da água.

Segundo estudos comparativos laboratório-campo do Asphalt Institute (1987, 2007), este procedimento é considerado como um dos mais apropriados para prever o dano por umidade, pois considera, além da adesão, as propriedades coesivas das mistura asfáltica. O ensaio consiste na moldagem de, no mínimo, seis corpos de prova com teor asfáltico de projeto e volume de vazios na faixa de (7+1%), compactando com um número baixo de golpes por face. Na sequência, é determinada a densidade aparente dos corpos de prova.

Os corpos de prova são separados em dois grupos; um dos grupos é submetido a um condicionamento, simulando com isto a presença de água na mistura e tensões internas induzidas por cargas do tráfego, envolvendo as seguintes etapas: saturação de água entre 55% e 80% de seus vazios com ar; resfriamento a -18°C durante 16 horas; aquecimento em banho-maria a 60°C durante 24 horas e resfriamento em outro banho a 25°C por 2 a 3 horas. Depois do condicionamento, os corpos de prova são ensaiados para a determinação da resistência à tração por compressão diametral conforme a norma ABNT NBR 15087 e, finalmente, a relação de resistência à tração dos corpos de prova condicionados e não condicionados é determinada e denominada de resistência à tração retida (RRT). As Figs. 2.9 e 2.10 mostram as principais etapas do ensaio de determinação do dano por umidade induzida.

Valores mínimos de 70 a 80%, determinados neste ensaio, demonstram um comportamento satisfatório da mistura

Fig. 2.9 Dano por umidade induzida Saturação dos CPs

Fig. 2.10 Dano por umidade induzida Resistência à tração

asfáltica densa (CA) aos danos causados por ação da água (Asphalt Institute, 1995, 2007).

2.3.7 Aditivos melhoradores de adesividade

A natureza, composição química e procedência do ligante asfáltico e dos agregados são de fundamental importância no desempenho dos revestimentos asfálticos; modificações súbitas da fonte local ou na origem dos mesmos podem ter efeitos deletérios no comportamento à ação da água de suas misturas em serviço.

Uma pesquisa nos Estados Unidos conduzida pelo Departamento de Transportes do Colorado (DOT), incluindo todos os 50 departamentos estaduais, demonstra que 82% dos estados americanos adotam métodos de ensaios em laboratório para predizer o comportamento das misturas asfálticas em presença de umidade e produtos químicos apropriados a fim de evitar tais problemas (Asphalt Institute, 2007).

A combinação asfalto-agregado determina a escolha do melhorador de adesividade. As combinações devem ser avaliadas em laboratório para determinar o melhor tipo e dosagem do aditivo químico para cada aplicação.

Uma solução consagrada para reduzir ou eliminar danos causados por ação da umidade e melhorar a afinidade química na interface asfalto-agregado é pelo emprego de fílers ativos (cal hidratada - $Ca(OH)_2$ tipo CH-I e cimento Portland) ou de aditivos orgânicos melhoradores de adesividade (AMO).

Cal virgem (CaO) não deverá ser utilizada por causa de sua reação expansiva em contato com a água afetando as propriedades coesivas da mistura asfáltica e, portanto, perda do seu desempenho. Usualmente a cal hidratada CH-I e o cimento Portland são empregados numa proporção entre 1% a 3% em peso de mistura asfáltica a quente podendo ser adicionadas ao agregado seco ou úmido.

Preferencialmente são utilizados aditivos orgânicos melhoradores de adesividade (AMO) por causa da simplicidade operacional durante o transporte, manuseio, dosagem e armazenamento destes materiais.

A composição ativa do AMO está baseada na síntese de amidoaminas e poliaminas graxas de alto peso molecular. A sua adição é realizada em pequenas quantidades, geralmente entre 0,1% a 0,5% em peso dependendo de sua concentração, diretamente ao ligante asfáltico e age modificando a sua natureza físico-química.

O AMO apresenta em sua composição um grupo polar (moléculas de aminas) que se ligará quimicamente a superfície do agregado e de outro grupo apolar (cadeias de hidrocarbonetos) que interagem com o cimento asfáltico deslocando a água da superfície dos agregados e formando uma ligação adesiva entre ambos os materiais.

O AMO pode ser incorporado ao ligante pelo próprio distribuidor de asfalto ou em obra, direto no tanque da usina, por meio de simples agitação mecânica ou via recirculação da mistura pela bomba de transferência de asfalto.

A Norma Brasileira ABNT NBR 15528 fixa os procedimentos para o recebimento de aditivos orgânicos melhoradores de adesividade (AMO).

A Norma ABNT NBR 15617 - Avaliação por desempenho de aditivos orgânicos melhoradores de adesividade (AMO), estabelece o valor mínimo de 75% para a resistência à tração retida (RRT) de misturas asfálticas a quente aditivadas, com volume de vazios entre 3 a 6 % após o ensaio de determinação do dano por umidade induzida.

2.3.8 Sanidade

Alguns agregados que inicialmente apresentam boas características de resistência podem sofrer processos de desintegração química quando expostos às condições ambientais no pavimento. Determinados basaltos, por exemplo, são susceptíveis à deterioração química com formação de argilas.

A característica de resistência à desintegração química é quantificada por meio de ensaio que consiste em atacar o agregado com solução saturada de sulfato de sódio ou de magnésio, em cinco ciclos de imersão com duração de 16 a 18 horas, à temperatura de 21°C, seguidos de secagem em estufa. A perda de massa resultante deste ataque químico ao agregado deve ser de no máximo 12%. O método DNER-ME 089/94 apresenta o procedimento deste ensaio. A Fig. 2.11 mostra os materiais utilizados neste ensaio e um exemplo do resultado do teste.

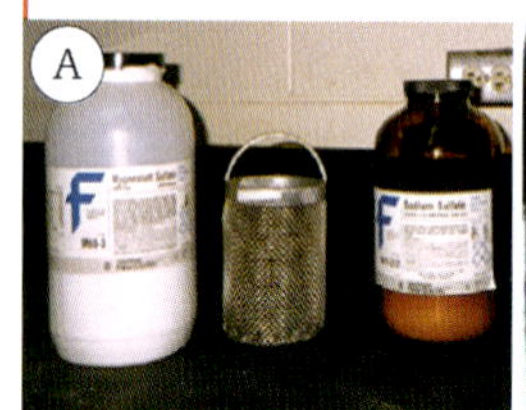

Materiais utilizados

Amostra antes do ensaio

Amostra após o ensaio

Fig. 2.11 Exemplo de materiais utilizados no ensaio de sanidade e resultado (Bernucci et al., 2007)

2.3.9 Densidade específica / massa específica

As relações entre quantidade de matéria (massa) e volume são denominadas massas específicas, e expressas geralmente em t/m^3, kg/dm^3 ou g/cm^3 e as relações entre pesos e volumes são denominadas de pesos específicos e expressos geralmente em kN/m^3 (Pinto, 2000).

A relação entre os valores numéricos que expressam as duas grandezas é constante. Por exemplo, se um material tem uma massa específica de 1,8 t/m^3, seu peso específico será o produto deste valor pela aceleração da gravidade, que varia conforme a posição no globo terrestre e que é de aproximadamente 9,81 m/s^2 ao nível do mar (em problemas de engenharia prática, adota-se simplificadamente, 10 m/s^2). O peso específico será, portanto, de 18 kN/m^3.

Então, o peso de uma massa de 1 kg ao nível do mar onde a aceleração da gravidade é de 9,81 m/s^2 é:

$$P = 1\,kg \cdot 9{,}81\,m/s^2 = 9{,}81\,N \approx 10N \tag{2.3}$$

Assim tem-se que 1N = 1 kg m/s^2

Então no exemplo citado tem-se:

$$1{,}8\,t/m^3 \cdot 10\,m/s^2 = 18\,t/m^2s^2 = 18.000\,kg/m^2s^2 \cdot m/m = 18.000\ kg\ m/m^3s^2 \tag{2.4}$$

A expressão densidade, de uso comum na engenharia, refere-se à massa específica, e densidade relativa é a relação entre a densidade do material e a densidade da água a 4°C. Como esta é igual a 1 kg/dm^3, o resultado é que a densidade relativa tem o mesmo valor numérico que a massa específica (expressa em g/cm^3, kg/dm^3 ou t/m^3), mas é adimensional. Como a relação entre o peso específico de um material e o peso específico da água a 4°C é igual à relação das massas específicas, é comum se estender o conceito de densidade relativa à relação dos pesos e adotar-se como peso específico a densidade relativa do material multiplicada pelo peso específico da água (Pinto, 2000).

No estudo de agregados, são definidas três designações de massa específica: real, aparente e efetiva.

A massa específica real (Gsa) é determinada através da relação entre a massa seca e o volume real (Eq. 2.5). O volume real é constituído do volume dos sólidos, desconsiderando o volume de quaisquer poros na superfície, conforme esquema da Fig. 2.12.

Fig. 2.12 Esquema da partícula de agregado na determinação da Gsa

$$Gsa = \frac{massa\ seca}{vol.\ real} / 1{,}0\ g/cm^3 \quad (2.5)$$

Onde: vol. real = volume da partícula sólida do agregado (área interna ao tracejado).

Este parâmetro considera somente o volume da partícula do agregado. Não inclui o volume de quaisquer poros ou capilares que são preenchidos pela água após embebição de 24 horas.

A massa específica aparente (Gsb) é determinada quando se considera o material como um todo (forma aparente), sem descontar os vazios. É determinada dividindo-se a massa seca pelo volume aparente do agregado (Eq. 2.6), que inclui o volume de agregado sólido mais o volume dos poros superficiais contendo água. É medida quando o agregado está na condição Superfície Saturada Seca (SSS), de acordo com o esquema da Fig. 2.13.

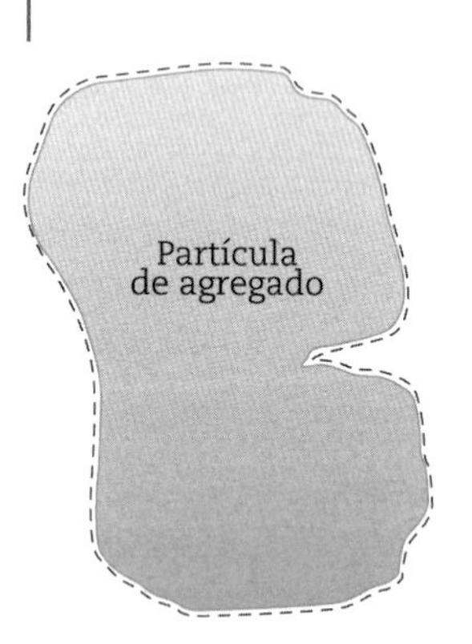

Fig. 2.13 Esquema da partícula de agregado na determinação da Gsb

$$Gsb = \frac{massa\ seca}{vol.\ aparente} / 1{,}0\ g/cm^3 \quad (2.6)$$

Onde: vol. aparente = volume do sólido + volume do poro permeável à água (área interna ao tracejado).

A massa específica efetiva (Gse) é determinada quando se trabalha com misturas asfálticas cujo teor de ligante asfáltico seja conhecido. É calculada através da relação entre a massa seca da amostra e o volume efetivo do agregado, conforme a Eq. 2.7. O volume efetivo é constituído pelo volume do agregado sólido e do volume dos poros permeáveis à água que não foram preenchidos pelo asfalto, conforme a Fig. 2.14. A massa específica efetiva não é comumente medida diretamente, sendo frequentemente tomada como a média entre a massa real e a aparente. Esta prática só é adequada quando o volume de poros superficiais é baixo, ou seja, para agregados de absorção inferior a 2%.

$$Gse = \frac{massa\ seca}{vol.\ efetivo} / 1{,}0\ g/cm^3 \qquad (2.7)$$

Onde: vol. efetivo = Vol. do sólido + vol. dos poros permeáveis à água não preenchidos pelo ligante asfáltico (área interna ao tracejado).

Fig. 2.14 Esquema da partícula de agregado na determinação da Gse

O método de ensaio DNER-ME 081/98 especifica a determinação das massas específicas de agregados graúdos, utilizando a terminologia de densidade relativa. A norma ABNT-NBR 9937 define o procedimento para a obtenção da massa específica na condição seca (correspondente ao que vem sendo chamado aqui de Gsa) e massa específica na condição de superfície saturada seca (correspondente ao que vem sendo chamado aqui de Gsb), assim como da absorção (a). O referido procedimento de ensaio é idêntico ao do DNER. São feitas três determinações de massa: massa seca (A), massa na condição superfície saturada seca (B) e massa imersa (C). A Eq. 2.8 define a massa específica seca (Gsa):

$$Gsa = \frac{A}{A - C} \qquad (2.8)$$

A Eq. 2.9 define a massa específica da condição de superfície saturada seca (Gsb):

$$Gsb = \frac{A}{B - C} \qquad (2.9)$$

A absorção é determinada pela seguinte equação:

$$a = \frac{B - A}{A} \cdot 100 \qquad (2.10)$$

A Fig. 2.15 mostra esquematicamente a determinação das massas A, B e C para o cálculo da Gsa, Gsb e absorção (a).

O método de ensaio DNER-ME 084/95 é adotado para a determinação da massa específica de agregados miúdos, com a denominação de densidade real dos grãos. Este procedimento é semelhante ao do ensaio para determinação da massa específica aparente seca (Gsa) de solos (DNER-ME 093/94) e faz uso de um picnômetro de 50 ml.

No caso do agregado miúdo, a condição de superfície saturada seca não é fácil de ser observada visualmente como no agregado graúdo e, portanto, a possível absorção das partículas não é determinada no método DNER.

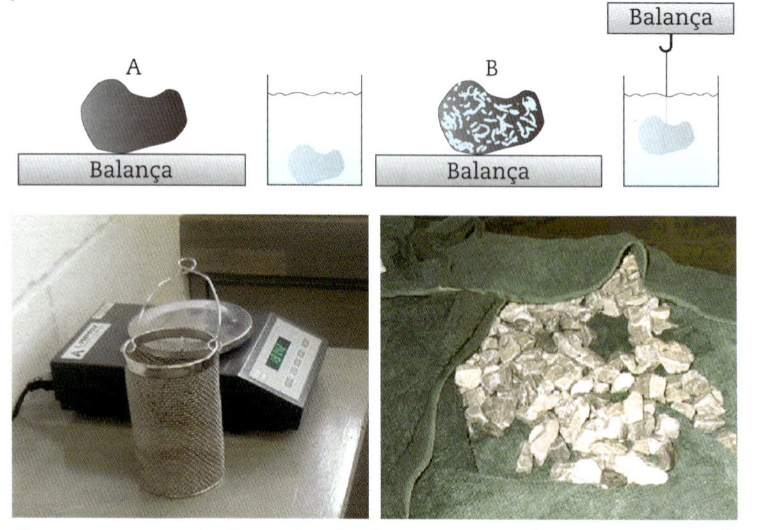

Fig. 2.15 Esquema de determinação de massas no método DNER-ME 081/98

Quando se trabalha com uma mistura de duas ou mais frações (ou dois ou mais agregados), pode-se computar um valor para a massa específica média através de um valor médio ponderado das várias frações (agregados) que constituem a mistura, pela Eq. 2.11:

$$G=\frac{M1+M2+...+Mn}{\frac{M1}{G1}+\frac{M2}{G2}+...+\frac{Mn}{Gn}}=\frac{1}{\frac{\%1}{G1}+\frac{\%2}{G2}+...+\frac{\%n}{Gn}} \quad (2.11)$$

onde:

G = massa específica média;

G1, G2, ... , Gn = massas específicas das frações (agregados) 1, 2, ... , n (aparente ou real);

M1, M2, ... , Mn = massa das frações (agregados) 1, 2, ... , n;

%1, %2, ... , %n = porcentagem das massas das frações (agregados) 1, 2, ... , n;

Em relação aos valores de G1, G2,..., Gn usados na expressão 11, Pinto (1998) recomenda que estes valores sejam obtidos pela média entre a massa específica real e a aparente para agregados graúdos e pelo valor da massa específica real para os agregados miúdos e o fíler mineral usado.

O Asphalt Institute (2007) recomenda a determinação da massa específica real e aparente para ambos os agregados graúdos e miúdos. A massa específica aparente pode ser assumida igual a real para o fíler mineral usado, em função de sua dificuldade de determinação. (ASTM C 127 e ASTM C 128, respectivamente). Quando somente a massa específica real é utilizada na dosagem de CA, assume-se que o ligante asfáltico é absorvido por todos os poros permeáveis à água (absorção de ligante é igual a absorção de água). Adotando somente a massa específica aparente, assume-se que o ligante asfáltico não é absorvido pelos poros permeáveis à água. Ambas as hipóteses, não são reais, sendo a massa específica efetiva uma boa aproximação da realidade quando empregada na metodologia de dosagem do CA.

3. Ligantes asfálticos

Cerca de 97% das rodovias brasileiras possuem pavimento flexível, sendo o asfalto, o componente principal das camadas de rolamento e, às vezes, de camadas intermediárias da estrutura.

Há várias razões para o uso intensivo do asfalto em pavimentação, sendo as principais: proporciona forte união dos agregados, agindo como um ligante que permite flexibilidade controlável; é impermeabilizante, é durável e resistente à ação da maioria dos ácidos, dos álcalis e dos sais, podendo ser utilizado aquecido, diluído em solventes de petróleo ou emulsionado em água, em amplas combinações de esqueleto mineral.

O asfalto utilizado em pavimentação é um ligante betuminoso que provém da destilação do petróleo e que tem a propriedade de ser um adesivo termoviscoelástico, impermeável à água e pouco reativo. A pouca reatividade química a muitos agentes não evita que este material possa sofrer, no entanto, um processo de envelhecimento por oxidação lenta pelo contato com o ar e a água.

Com relação a sua constituição, o asfalto é uma mistura química complexa composta predominantemente por hidrocarbonetos alifáticos e aromáticos não voláteis de elevada massa molecular e uma pequena quantidade de estruturas heterocíclicas contendo grupos funcionais formados por enxofre, nitrogênio e oxigênio.

Sua composição química varia principalmente em função da origem do petróleo e, em menor grau, do processo empregado em seu refino, do efeito do calor e do ar durante as etapas de produção da mistura asfáltica e ao longo da vida de serviço do pavimento.

A partir da análise elementar de asfaltos provenientes do refino de uma ampla variedade de petróleos, pode-se relacionar a seguinte composição química básica (Shell, 2003): carbono, 82-88%; hidrogênio, 8-11%; enxofre, 0-6%; oxigênio, 0 – 1,5% e nitrogênio, 0-1%. Também apresentam uma pequena quantidade ou traços de metais (ppm – partes por milhão), tais como: vanádio, níquel, ferro, manganês, magnésio, sódio e cálcio que ocorrem na forma de sais inorgânicos e óxidos.

3.1 Cimentos asfálticos de petróleo – CAP

No Brasil utiliza-se a denominação: cimentos asfálticos de petróleo – CAP para designar ligantes semissólidos a temperaturas baixas, viscoelásticos a temperatura ambiente, líquidos a altas temperaturas, e que se enquadram em limites de consistência para determinadas temperaturas de modo a distingui-los dos asfaltos utilizados na construção civil e para finalidade industriais.

Os cimentos asfálticos de petróleo – CAP são materiais caracterizados segundo as normas brasileiras ABNT NBR e especificados pela Agência Nacional do Petróleo, Gás Natural e Biocombustíveis – ANP. Atualmente há quatro tipos de CAP, classificados por penetração: CAP 30/45, CAP 50/70, CAP 85/100 e CAP 150/200, constituindo-se em produtos básicos para a produção de outros materiais asfálticos, a seguir discriminados, de acordo com sua aplicação em pavimentação:

- Cimentos Asfálticos de Petróleo (CAP) – Especificação ANP - Resolução N° 19, de 11 de julho de 2005 e Regulamento Técnico N° 3/2005
- Asfaltos Diluídos de Petróleo (ADP CR e CM) – Especificação ANP Resolução N° 30, de 9 de outubro de 2007 e Regulamento Técnico N° 2/2007

- Emulsões Asfálticas Catiônicas (EAC) – 2.241ª Seção Ordinária 06/09/88 do Ministério de Minas e Energia – Conselho Nacional do Petróleo – Resolução 07/88
- Emulsões para Lama Asfáltica (LA) – 178° Sessão Extraordinária de 20/02/73 do Ministério de Minas e Energia – Conselho Nacional do Petróleo – Resolução 01/73 com a Norma CNP-17 e publicadas no D.O. da União em 08/05/73.
- Emulsões Asfálticas Catiônicas modificadas por Polímeros Elastoméricos (EACP) - Resolução ANP N° 32, de 14 de outubro de 2009.
- Agentes Rejuvenescedores Emulsionados (ARE) – Proposta de Especificação da Comissão de Asfalto do IBP.
- Asfaltos Modificados por Polímeros Elastoméricos (AMP) - Resolução ANP N° 32, de 21 de setembro de 2010.
- Cimentos asfálticos de petróleo modificados por borracha moída de Pneus (AMB) – Especificação ANP - Resolução N° 39, de 24 de dezembro de 2008.

3.2 Asfaltos modificados

Para a maioria das aplicações rodoviárias, os ligantes asfálticos convencionais têm bom comportamento, satisfazendo plenamente os requisitos técnicos necessários para o desempenho adequado das misturas asfálticas. No entanto, para condições de volume de veículos comerciais e peso por eixo crescente, ano a ano, em rodovias especiais ou nos aeroportos, em corredores de tráfego pesado canalizado e para condições adversas de clima, com grandes diferenças térmicas entre inverno e verão, tem sido cada vez mais necessário o uso de modificadores das propriedades dos asfaltos.

As propriedades das misturas usinadas a quente – CA são sensíveis à variação do teor de CAP. Uma variação positiva, mesmo dentro do intervalo admissível em usinas, pode gerar problemas de deformação permanente por fluência e/ou exsudação, com fechamento da macrotextura superficial.

Por outro lado, a falta de ligante gera um enfraquecimento da mistura e de sua resistência à formação de trincas, uma vez que a resistência à tração e sua vida de fadiga ficam muito reduzidas. Uma das formas de reduzir a sensibilidade dos concretos asfálticos a pequenas variações de teor de ligante e torná-lo mais resistente e durável em vias de tráfego pesado é substituir o CAP por asfaltos modificados por polímero ou por asfalto borracha (Bernucci et al., 2007).

Em outras palavras, a modificação do CAP visa reduzir as variações de suas propriedades em relação às temperaturas de serviço a fim de evitar grandes alterações no comportamento mecânico do pavimento em função das solicitações de tráfego, tais como:

- Aumento do ponto de amolecimento e da elasticidade;
- Melhoria das características adesivas e coesivas;
- Maior resistência ao envelhecimento, à deformação permanente e às trincas de fadiga/térmicas.

Asfalto polímero (AMP) e asfalto borracha (AB) são produtos distintos quanto à sua composição físico-química, processo de fabricação e de emprego.

Asfalto polímero é produzido a partir de reações químicas entre o polímero virgem, geralmente o SBS (Estireno-butadieno-Estireno) que é um material manufaturado e especificado pela indústria petroquímica, e o cimento asfáltico de petróleo (CAP), sob condições padronizadas de processo (temperatura e cisalhamento mecânico).

Uma vez incorporado ao asfalto, o produto final é homogêneo e apresenta uma única fase, isto é, visualmente não se observa o polímero disperso no asfalto.

A partir da análise em laboratório, verifica-se a modificação das propriedades do CAP, principalmente: aumento de consistência (viscosidade e ponto de amolecimento) e da capacidade de recuperação elástica sob deformação, entre outras.

Durante o transporte, o armazenamento e a mistura do asfalto polímero com agregados pétreos, usualmente são empregados os mesmos equipamentos e procedimentos executivos utilizados para o cimento asfáltico não modificado.

Asfalto borracha é produzido a partir da mistura física entre o CAP e a borracha moída de pneus inservíveis.

A borracha de pneumáticos utilizada é proveniente da reação química de vulcanização com enxofre e, apresenta em sua composição química, além de borrachas de estireno-butadieno e natural, óleos extensores e cargas minerais. Por causa dessa transformação físico-química, somente parte da borracha moída de pneumáticos inservíveis é incorporada a matriz asfáltica resultando em uma mistura bifásica em que visualmente são observados os grânulos de borracha dispersos no CAP. O asfalto borracha necessita de agitação durante sua estocagem para manter sua homogeneidade e estabilidade. De uma maneira geral, para asfaltos modificados, recomenda-se:

- Tanques dedicados de armazenagem na obra dotados de agitadores e serpentinas de óleo térmico com maior capacidade de troca térmica;
- Bombas de transferência de asfalto com maior capacidade

Asfaltos modificados requerem controles distintos conforme preconizam as especificações de materiais e de serviços destes produtos. Além disso sua aplicação exige maior gabarito técnico tanto nos equipamentos como no processo executivo.

3.2.1 Asfaltos modificados por polímeros elastoméricos

No Brasil, o uso de asfaltos modificados por polímeros elastoméricos teve início a partir dos anos 1990. Algumas raras experiências anteriores foram realizadas, porém pouco expressivas. O polímero mais empregado na atualidade também é o SBS (estireno-butadieno-estireno), seguido do SBR (borracha estireno-butadieno), produzidos no Brasil especialmente para o mercado de pavimentação, respectivamente, a partir de 1997 e 1998.

O DNIT, também publicou em 1998 os principais resultados da pesquisa, empregando, principalmente, polímeros do tipo SBS. Em 1999, incluiu às suas especificações gerais, uma coletânea de normas para asfaltos modificados por polímeros do tipo SBS, englobando métodos de ensaios, especificações de materiais (DNER EM 396/99) e de serviços.

O Regulamento Técnico n° 32/2010 da ANP especifica as obrigações dos agentes econômicos com relação ao controle de qualidade dos cimentos asfálticos modificados por polímeros elastoméricos no território brasileiro. São classificados, segundo o ponto de amolecimento e a recuperação elástica a 25°C, nos tipos 55/75, 60/85 e 65/90.

Atualmente, estima-se que mais de 5.000 km de recapeamentos já foram executados utilizando ligantes modificados por polímeros elastoméricos em todo o País, principalmente no âmbito das concessões rodoviárias e do DNIT.

3.2.2 Asfaltos modificados por borracha de pneus inservíveis tipo "*terminal blending*"

Uma forma alternativa de se incorporar os benefícios de um modificador ao ligante asfáltico e, ao mesmo tempo reduzir problemas ambientais, é utilizar a borracha de pneus inservíveis com sua adição ao CAP pelo processo via úmida tipo "*terminal blending*".

O processo consiste na adição de 15 a 20% de borracha de pneus inservíveis (partículas passantes na peneira 40) em peso de CAP, obtendo-se uma mistura estocável, no qual os componentes são misturados em um terminal especial, a altas temperaturas, por agitação com alto cisalhamento, resultando em um ligante estável e homogêneo em presença de agitação mecânica.

No Brasil, o primeiro trecho de asfalto borracha via úmida do país foi construído em 2001, e desde então mais de 3.000 km de estradas do país foram recapeadas com essa tecnologia.

Os cimentos asfálticos de petróleo modificados por borracha moída de pneus são classificados, segundo sua viscosidade Brookfield© 175°C em AB-8 e AB-22 de acordo com o Norma DNIT 111/2009 – EM.

O Regulamento Técnico n° 33/2008 da ANP estabelece as especificações do asfalto borracha distribuído para consumo em todo o território nacional e refere-se ao produto acabado, a partir das instalações dos produtores, importadores e distribuidores de asfaltos devidamente autorizados pela ANP.

3.3 Ensaios correntes de ligantes asfálticos

Todos os ensaios realizados para medir as propriedades do CAP e dos asfaltos modificados têm temperatura especificada e alguns também definem o tempo e a velocidade de carregamento, visto que o asfalto é um material termoviscoelástico.

As duas principais características utilizadas são: a "dureza" medida através da penetração de uma agulha padrão na amostra de ligante e a resistência ao fluxo, medida através de ensaios de viscosidade.

Os ensaios dos CAP podem ser categorizados entre ensaios de consistência, de durabilidade e de segurança. Para a caracterização dos asfaltos modificados por polímeros elastoméricos e asfalto borracha também é requerido o ensaio de recuperação elástica.

3.3.1 Ensaio de penetração

A penetração é a profundidade, em décimos de milímetro, que uma agulha de massa padronizada (100 g) penetra numa amostra de volume padronizado de CAP ou de asfalto modificado, por 5 segundos, à temperatura de 25°C. Em cada ensaio, três medidas individuais de penetração são realizadas. A média dos três valores é anotada e aceita se a diferença entre as três medidas não exceder a um limite especificado em norma. A consistência do ligante asfáltico é tanto maior quanto menor for a penetração da agulha. A norma brasileira para este ensaio é a ABNT NBR 6576/98. A Fig. 3.1 apresenta o equipamento para o ensaio de penetração.

Fig. 3.1 Equipamento de laboratório para o ensaio de penetração (Foto: Abeda, 2009)

3.3.2 Ensaios de viscosidade

A viscosidade é uma medida da consistência do ligante asfáltico, por resistência ao escoamento.

No Brasil, o viscosímetro mais usado para o CAP é o de Saybolt-Furol (Fig. 3.2). O aparelho consta, basicamente, de um tubo com formato e dimensões padronizadas, no fundo do qual fica um orifício de diâmetro 3,15 ± 0,02 mm. O tubo, cheio de material a ensaiar, é colocado num recipiente com óleo (banho) com o orifício fechado. Quando o material se estabiliza nas temperaturas exigidas (135, 150 e 177°C), abre-se o orifício e inicia-se a contagem do tempo. Desliga-se o cronômetro quando o líquido alcança, no frasco inferior, a marca de 60 ml. O valor da viscosidade é reportado em Segundos Saybolt-Furol, abreviado como SSF, a uma dada temperatura de ensaio. A norma brasileira para este ensaio é a ABNT NBR 14950.

O viscosímetro Brookfield (Figs. 3.3 e 3.4) permite medir as propriedades de consistência relacionadas ao bombeamento e à estocagem. É indicado para o CAP, asfaltos modificados por polímeros elastoméricos e asfaltoborracha. Permite ainda obter gráfico de temperatura--viscosidade para projeto de mistura asfáltica, por meio de medida do comportamento do fluido a diferentes taxas de cisalhamento e a diferentes tensões de cisalhamento, obtidas por rotação de cilindros coaxiais que ficam mergulhados na amostra em teste (ABNT NBR 15184). É uma medida da viscosidade dinâmica expressa em centiPoise (cP).

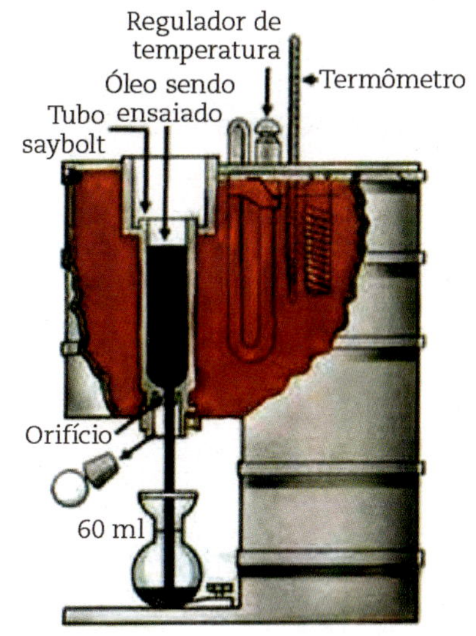

Fig. 3.2 Exemplo de equipamento Saybolt-Furol de ensaio de viscosidade e esquema do interior do equipamento (Foto: Leite, 2003)

A unidade de medida de viscosidade no sistema internacional é Pascal segundo (Pa*s = 1 Ns/m^2); no sistema CGS a unidade é o Poise (P = 1 g/cm*s = 0,1 Pa*s). O centiPoise é equivalente ao miliPascal e 1.000 cP = 1 Pa*s.

Este mesmo equipamento pode ser aplicado com vários

tipos de hastes (*spindles*) e para cada tipo de material ou faixa de temperatura é preciso especificar a rotação em rpm e o número correto do *spindle*.

3.3.3 Ensaio de ponto de amolecimento

O ponto de amolecimento é uma medida empírica que correlaciona a temperatura na qual o ligante asfáltico amolece quando aquecido sob certas condições particulares e atinge uma determinada condição de escoamento.

Uma bola de aço de dimensões e peso especificados é colocada no centro de uma amostra de asfalto que está confinada dentro de um anel metálico padronizado. Todo o conjunto é colocado dentro de um banho de água num béquer. O banho é aquecido a uma taxa controlada de 5°C/min. Quando o ligante (CAP, asfalto modificado por polímeros elastoméricos, asfalto borracha) amolece o suficiente para não mais suportar o peso da bola, a bola e o asfalto deslocam-se em direção ao fundo do béquer. A temperatura é marcada no instante em que a mistura amolecida toca a placa do

Fig. 3.3 Equipamento Brookfield para medida de viscosidade dinâmica

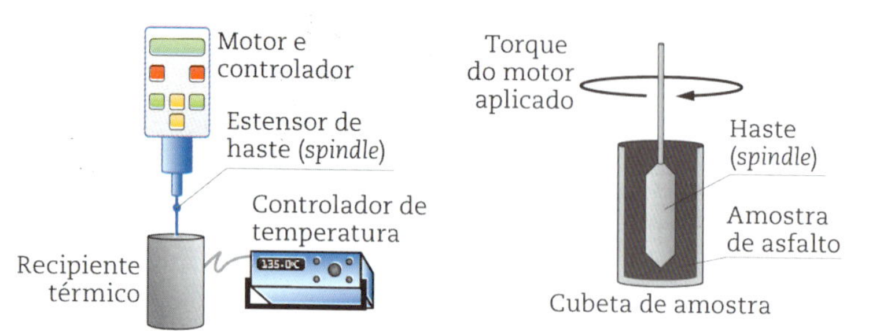

Fig. 3.4 Esquema de equipamento Brookfield para medida de viscosidade

fundo do conjunto padrão de ensaio. O teste é conduzido com duas amostras do mesmo material. Se a diferença de temperatura entre as duas amostras exceder a 2°C, o ensaio deve ser refeito. Por causa destas condições descritas, este ensaio é também referenciado como ensaio do anel e bola (ABNT NBR 6560) conforme mostra a Fig. 3.5.

Fig. 3.5 Determinação do ponto de amolecimento - método do anel e bola (Foto: Abeda, 2009)

3.3.4 Ensaio de massa específica e densidade relativa

A massa específica do ligante asfáltico é determinada por meio de picnômetro (Fig. 3.6) para determinar o volume do ligante e é definida como a relação entre a massa e o volume. A massa específica e a densidade relativa do CAP e dos asfaltos modificados devem ser medidas e anotadas para uso posterior na dosagem das misturas asfálticas. Estes ligantes asfálticos têm em geral massa específica entre 1,00 e 1,03 g/cm^3.

Fig. 3.6 Pesagem do picnômetro com ligante asfáltico (Foto: Abeda, 2009)

O ensaio é realizado de acordo com a norma ABNT NBR 6296. A densidade relativa é a razão da massa específica do asfalto a 20°C pela massa específica da água a 4°C, que é de aproximadamente 1 g/cm^3. A finalidade é a conversão de massas em volumes durante os cálculos de determinação do teor de projeto de ligante numa mistura asfáltica.

3.3.5 Ensaio de ponto de fulgor e de combustão

O ponto de fulgor é um ensaio que tem por objetivo verificar a segurança de manuseio do ligante asfáltico durante o transporte, estocagem e usinagem. Indica a menor temperatura em que os vapores emanados durante seu aquecimento inflamam em presença de chama em condições padronizadas.

Valores de ponto de fulgor de CAP e asfaltos modificados devem ser superiores a 235°C. Temperaturas inferiores podem indicar a presença de algum contaminante nestes produtos.

É importante mencionar que a temperatura de 235°C está bem abaixo da qual o material suportará a combustão e, portanto, raramente o ponto de combustão é determinado para ligantes asfálticos utilizados para fins de pavimentação. A Fig. 3.7 mostra o equipamento para a determinação do ponto de fulgor e de combustão em vaso aberto Cleveland segundo a norma ABNT 11341/2004.

Fig. 3.7 Determinação do ponto de fulgor e de combustão (Foto: Abeda, 2009)

3.3.6 Ensaio de espuma

O CAP e os asfaltos modificados não devem conter água, pois sob aquecimento, podem espumar liberando gotículas do produto a longas distâncias. A presença de água no asfalto pode causar acidentes nos tanques de armazenamento e no transporte. Não há um ensaio determinado, sua avaliação é apenas qualitativa e realizada a 177°C.

3.3.7 Recuperação elástica

A recuperação elástica é um ensaio que utiliza o ductilômetro com molde modificado; o teste é realizado a 25°C; a velocidade de estiramento é de 5 cm/min para caracterizar e distinguir materiais modificados por polímeros elastoméricos (AMP) ou por borracha de pneus inservíveis (AB) em relação ao CAP convencional. Interrompe-se o ensaio após atingir-se 100 ou 200 mm de estiramento, para AB ou AMP, respectivamente e secciona-se o fio de ligante, em seu ponto médio, observando-se ao final de 60 minutos quanto houve de retorno das partes ao tamanho original, ou seja, após junção das extremidades seccionadas, mede-se novamente o comprimento atingido. Este valor é comparado com o especificado. A norma deste ensaio é a ABNT-NBR 15086 /2004.

A Fig. 3.8 apresenta o ensaio de recuperação elástica comparativo entre o CAP convencional e modificado por polímeros elastoméricos (AMP).

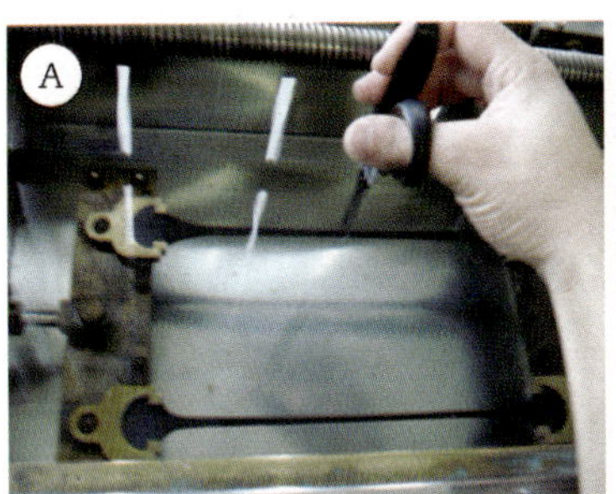

Secção dos ligantes asfálticos

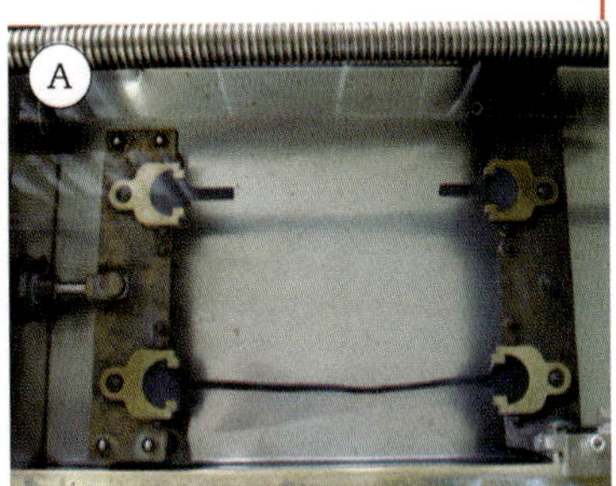

Retorno elástico CAP - AMP (parte superior) *versus* CAP convencional (parte inferior)

Fig. 3.8 Recuperação elástica comparativa: CAP convencional *versus* AMP elastomérico (Foto: Abeda, 2009)

4. Definições de massas específicas para mistura asfáltica

A Fig. 4.1 (Asphalt Institute, 1995) apresenta um esquema para compreensão do uso dos parâmetros físicos dos componentes – asfalto e agregados – em uma mistura asfáltica que serão utilizados na determinação das massas específicas, aparente e efetiva, dos vazios de ar e do teor de asfalto absorvido em uma mistura asfáltica compactada.

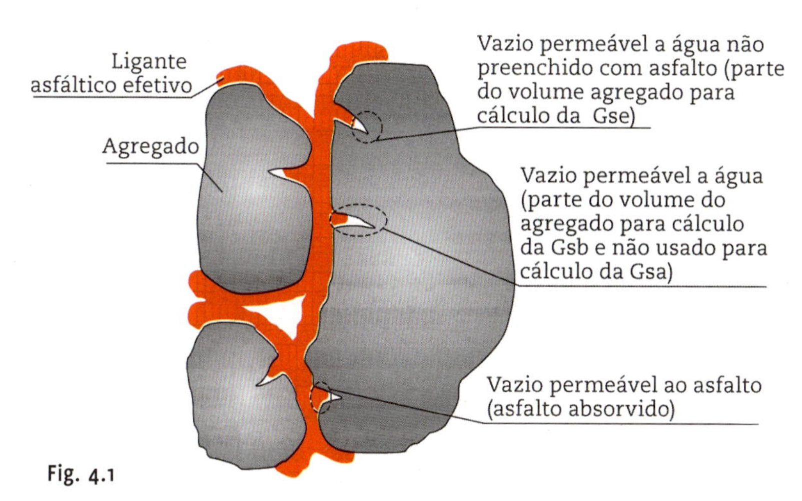

Fig. 4.1

4.1 Massa específica aparente de mistura asfáltica compactada

A massa específica aparente, obtida a partir de corpos de prova de uma mistura asfáltica compactada (Gmb), é dada pela Eq. 4.1:

$$Gmb = \frac{Ms}{V_a + V_{ag-afetivo} + V_{ar}} \qquad (4.1)$$

Onde:
Ms = massa seca de corpo de prova compactado, g;
Va = volume de asfalto, cm^3;
Vag = volume efetivo do agregado, cm^3;
Var = volume de ar (vazios), cm^3.

O DNER/ME 117/94 fixa o modo pelo qual se determina a massa específica aparente de mistura asfáltica em corpos de prova moldados em laboratório ou obtidos em pista. Segundo este método, a massa específica aparente é definida como a relação entre a massa seca de corpo de prova compactado e a diferença entre esta massa seca (Ms) e a massa seca do corpo de prova posteriormente submersa em água (Ms_{sub}), ou seja:

$$Gmb = \frac{Ms}{Ms - Ms_{sub}}$$

O mesmo método DNER/ME 117/94 fixa os procedimentos para a determinação da densidade aparente de misturas abertas e muito abertas pela utilização de parafina e fita adesiva.

4.2 Massas específicas máxima teórica e medida de misturas asfálticas

A massa específica máxima teórica, tradicionalmente denominada densidade máxima teórica (sigla DMT), é dada pela ponderação entre as massas dos constituintes da mistura asfáltica. Corresponde à massa específica da mistura de constituintes sem os vazios. Este parâmetro é definido na norma de dosagem de misturas asfálticas ABNT-NBR 12891.

A massa específica máxima medida, no Brasil denominada densidade máxima medida (DMM) ou densidade específica Rice, é dada pela razão entre a massa do agregado mais ligante asfáltico e a soma dos volumes dos agregados, vazios impermeáveis, vazios permeáveis não preenchidos com asfalto e total de asfalto, conforme ilustrado na Fig. 4.1. Será adotada a terminologia Gmm para este parâmetro de modo a ficar consistente com a terminologia das massas específicas dos agregados. Este parâmetro pode ser determinado em laboratório segundo a norma ABNT-NBR 15619. A aparelhagem requerida para o ensaio pode ser observada na Fig. 4.2.

A DMT ou a Gmm são usadas no cálculo de: percentual de vazios de misturas asfálticas compactadas, massa específica efetiva do agregado (Gse), e teor de asfalto efetivo da mistura asfáltica.

A determinação da DMT é comumente realizada através de uma ponderação das massas específicas reais dos materiais que compõem a mistura asfáltica (brita 3/4", areia de campo, pó de pedra e asfalto, por exemplo). O ensaio de massa específica (correspondente numericamente à densidade) nesses agregados é feito segundo as normas do DNER para agregado graúdo (DNER-ME 81/98), agregado miúdo (DNER-ME 84/95) e fíler mineral (DNER-ME85/94).

De posse das massas específicas reais de todos os materiais e suas respectivas proporções, faz-se uma ponderação

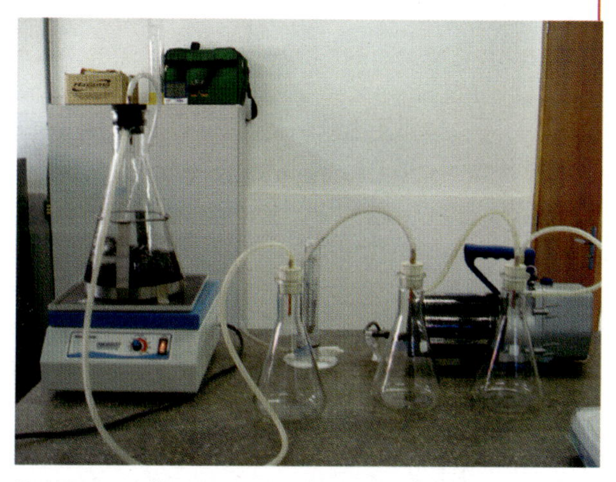

Fig. 4.2 Aparelhagem para a determinação da massa específica máxima medida (Foto: Abeda, 2009)

para determinar a DMT da mistura para os diferentes percentuais de ligante.

A Eq. 4.2 apresenta o cálculo da DMT através das massas (Mi) e das massas específicas reais (Gi) dos materiais constituintes.

$$DMT = \frac{100}{\frac{\%a}{G_a} + \frac{\%Ag}{G_{Ag}} + \frac{\%Am}{G_{Am}} + \frac{\%f}{G_f}} \quad (4.2)$$

Onde:

%a = porcentagem de asfalto, expressa em relação à massa total da mistura asfáltica (por exemplo, no caso de um teor de asfalto de 5%, utiliza-se o número 5 na variável %a no denominador da expressão);

%Ag, %Am e %f = porcentagem do agregado graúdo, miúdo e fíler, respectivamente, expressas em relação à massa total da mistura asfáltica;

G_a, G_{Ag}, G_{Am} e G_f = massas específicas reais do asfalto, agregado graúdo, agregado miúdo e fíler, respectivamente.

Esta expressão pode ainda ser usada com as massas específicas efetivas dos agregados ou até a média entre as médias reais e aparentes (Pinto, 1996). A determinação da DMT pela Eq. 4.2 depende da norma utilizada para a obtenção das massas específicas reais dos materiais granulares, ASTM ou DNER. A massa específica efetiva é normalmente determinada para os agregados graúdos. Para o fíler e para o agregado miúdo utiliza-se somente o valor da massa específica real, uma vez que as normas brasileiras para determinar as massas específicas destes dois materiais somente indicam procedimentos para a massa específica real. Sem o valor da massa específica aparente não se pode determinar a massa específica efetiva pela média dos dois valores.

A determinação e utilização da Gmm pelo ensaio descrito na norma ABNT-NBR 15619 assegura uma melhor representatividade da massa específica máxima se comparado com a calculada pela Eq. 4.2. Este fato é tanto mais marcante quanto maior for a absorção do agregado, pois nessa condição o fato de se considerar no calculo da DMT (Eq. 4.2) massas específicas reais em vez de massas específicas efetivas leva a uma condição não representativa da real, por causa da absorção do ligante asfáltico nos poros permeáveis do agregado ser parcial, não havendo o preenchimento total do volume dos poros permeáveis.

5. Considerações sobre a volumetria de misturas asfálticas

A compreensão básica da relação massa-volume de misturas asfálticas compactadas é importante tanto do ponto de vista de um projeto de mistura quanto do ponto de vista da construção em campo. É importante compreender que projeto de mistura é um processo volumétrico cujo propósito é determinar o volume de asfalto e agregado requerido para produzir uma mistura com as propriedades projetadas. Entretanto, medidas do volume de agregados e asfalto no laboratório ou em campo são muito difíceis. Por essa razão, para simplificar o problema de medidas, massas são usadas no lugar de volumes e a massa específica é usada para converter massa em volume.

Três parâmetros volumétricos, que trabalham em conjunto, são muito importantes no projeto de dosagem para avaliar a durabilidade e estabilidade do concreto asfáltico. São eles: vazios na mistura total (VTM) ou vazios de ar na mistura asfáltica compactada (no Brasil comumente chamado de Volume de vazios ou Vv), o volume de vazios nos agregados minerais (VAM), que representa o que não é agregado numa mistura, ou seja, vazios com ar e asfalto efetivo, e o (VCB), no que diz respeito ao asfalto disponível ou efetivo para a mistura, isto é, descontando o asfalto absorvido pelos agregados. A Fig. 5.1 ilustra os parâmetros volumétricos da mistura asfáltica.

O cálculo acurado desses volumes é influenciado pela absorção parcial do asfalto pelo agregado. Se o asfalto não é absorvido pelo agregado, o cálculo é relativamente direto em que a massa específica aparente (Gsb) do agregado pode ser

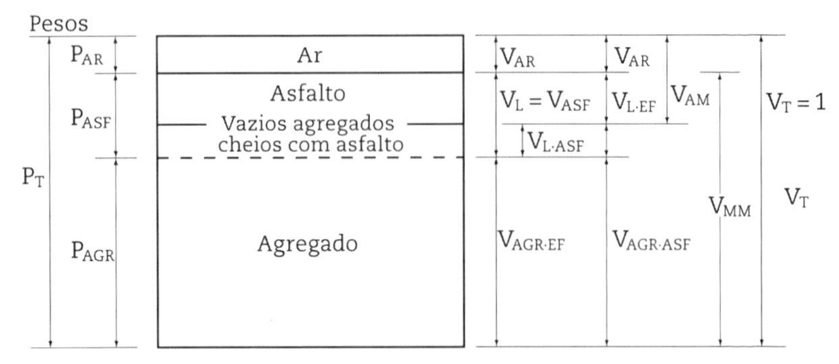

Fig. 5.1 Ilustração da volumetria em uma mistura asfáltica

usada para calcular o volume de agregado. Se a absorção do asfalto é idêntica à absorção de água, o cálculo é relativamente direto em que a massa específica real (Gsa) pode ser usada para calcular o volume de agregados. Visto que quase todas as misturas têm absorção parcial de asfalto, os cálculos são menos diretos como explicado adiante.

Nos concretos asfálticos é desejável que os valores de Vv e RBV se situem entre um valor mínimo e um máximo.

O valor mínimo de Vv deve ser tal que permita um pequeno aumento da densificação da camada por ação do tráfego e corresponda a um volume mínimo de vazios que permita a expansão térmica dos agregados e ligante asfáltico, por causa das elevações de temperatura das camadas de modo a evitar a exsudação do ligante para a superfície das mesmas.

O valor máximo de Vv é fixado para garantir uma densidade suficiente, em conjunto com as outras propriedades requeridas, tais como: estabilidade e resistência à tração.

Quanto ao RBV, valores limites devem ser atendidos em conjunto com o Vv a fim de não produzir camadas betuminosas instáveis por excesso ou falta de ligante.

No Brasil, os limites máximos e mínimos para Vv e RBV dependem do tipo de mistura asfáltica que está sendo empregada e também da pressão dos pneus dos veículos que solicitarão a camada asfáltica. O Asphalt Institute (Asphalt Institute,

1995) determina Vv entre 3 e 5% para o concreto asfáltico, independente da categoria de tráfego.

O VAM desempenha um papel importante nas misturas de concreto asfáltico. Se o VAM for pequeno, o ligante asfáltico necessário ao adequado recobrimento das partículas preencherá todos os vazios, ou então, a mistura apresentará baixo vazios de ar (Vv) e a película será de espessura insuficiente acarretando problemas de durabilidade. Ambas as situações são indesejáveis. O baixo VAM reduz a quantidade requerida de ligante asfáltico gerando misturas de baixa flexibilidade com a tendência ao trincamento e a desagregações precoces.

À medida que se reduz o tamanho das partículas, deslocando-se as curvas granulométricas de projeto para a esquerda no gráfico de granulometria a partir da linha de densidade máxima (Cap. 8), estamos aumentando o valor do VAM e exigindo um volume maior de ligante asfáltico, porque estamos aumentando a área superficial dos agregados. Ao deslocar as curvas granulométricas de projeto para a direita no gráfico de granulometria, tem-se uma redução do VAM e do volume de asfalto necessário por causa da redução na área superficial do agregado. Curvas próximas a linha de densidade máxima apresentam baixo VAM. Também a macrotextura está relacionada ao VAM. A maneira mais eficaz de ajustar o VAM é aumentar a quantidade de agregado miúdo em relação ao graúdo (passante # 10).

O valor do VAM adequado pode ser estimado a partir da Fig. 5.2 ou da Tab. 5.1.

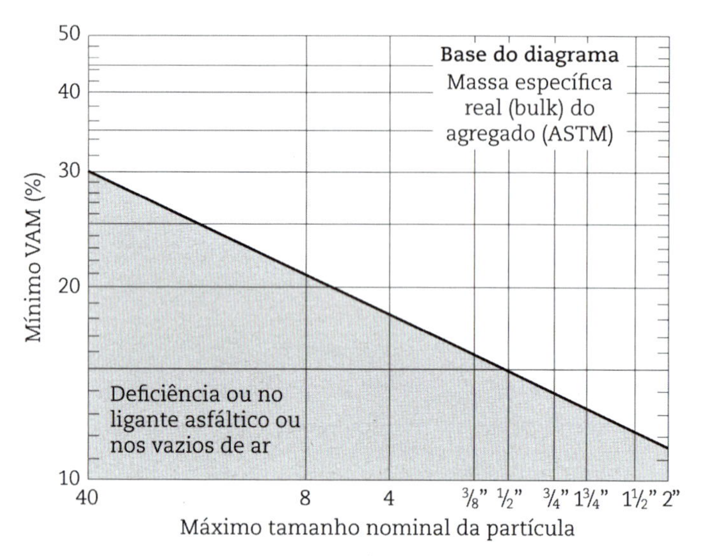

Fig. 5.2 Valor do VAM adequado (Castro; Felippe, 1970)

Tab. 5.1 Valor mínimo de vazios de agregado mineral (DNIT 031/2006 ES)

VAM – Vazios do Agregado Mineral		
Tamanho Nominal Máximo do Agregado		**VAM Mínimo (%)**
Polegadas	**Milímetros**	
1,5	38,1	13
1	25,4	14
0,75	19,1	15
0,5	12,7	16
0,375	9,5	18

6. Considerações sobre os efeitos do pó e a argila na mistura asfáltica

A presença de pó aderido aos agregados pode interferir na adesividade do ligante e, consequentemente, na resistência da mistura asfáltica ao dano causado pela ação da água. Pó é definido como a fração do agregado menor que 75 mícron (passante # 200). Uma analogia pode ser feita com o processo de pintura de uma parede. Para a tinta aderir perfeitamente sua superfície deve estar seca, limpa e isenta de qualquer pó ou sujeira.

A fração de pó composta por partículas inferiores a 0,020 mm, forma com o ligante um mástique (argamassa) que envolve o restante dos agregados, sendo, em parte, responsável pelas propriedades de coesão e resistência à tração da mistura asfáltica.

Finos plásticos (argilas), formados por partículas de pó inferiores a 0,002 mm, promovem a inclusão de água dentro da mistura asfáltica reduzindo sua resistência. A quantidade de argila presente nos agregados pode ser determinada pelo ensaio de equivalente de areia, descrito anteriormente.

Portanto, é necessário estabelecer valores limites para a relação pó (passante # 200)/ligante, a fim de controlar o teor de pó e argilas presentes nos agregados sem prejuízo da resistência ao cisalhamento da mistura asfáltica.

Na prática, por causa da adoção dos filtros de mangas nas usinas, com retorno integral de pó para a mistura asfáltica, recomenda-se valores de relação pó/ligante, entre 0,9 a 1,5 para compatibilizar a qualidade da mistura com as condições operacionais das plantas de asfalto.

No Cap. 8 este tema também será abordado, segundo a metodologia norte-americana Superpave.

7. Dosagem Marshall – concreto asfáltico

Após a etapa de seleção e caracterização dos materiais a serem utilizados, o projeto de uma mistura de concreto asfáltico consiste em determinar o traço da mistura, ou seja:

- Porcentagem dos diversos agregados minerais utilizados;
- Porcentagem de ligante asfáltico; de maneira a satisfazer os requisitos mínimos de estabilidade e durabilidade da mistura asfáltica determinados pelas especificações.

Para o projeto de um concreto asfáltico pelo Método Marshall, deve-se definir os seguintes elementos básicos:

- Tipo e destino da mistura a ser projetada;
- Granulometria, massa específica real e aparente dos agregados disponíveis;
- Escolha da faixa granulométrica de projeto;
- Em função do tráfego previsto, escolher a energia de compactação para a moldagem dos corpos de prova.

Nas Tabs. 7.1 e 7.2 são apresentados os parâmetros preconizados pelo DNIT na especificação de serviço DNIT 031/2006 ES para concreto asfáltico.

O material de enchimento pode ser constituído por pó calcário, cal extinta, cimento Portland ou outro material que satisfaça os seguintes requisitos:

- Isento de torrões de argila;
- Inerte em relação aos componentes da mistura;
- Uniforme em qualidade, seco e sem grumos;
- Passando, no mínimo 65%, na peneira de 0,075 mm.

Tab. 7.1 Requisitos de dosagem de concreto asfáltico do DNIT (ES 031/2006)

Características	Método de Ensaio	Camada de Rolamento	Camada de Ligação
Vv, %	DNER - ME 043	3 - 5	4 - 6
RBV, %	DNER - ME 043	75 - 82	65 - 72
Estabilidade mín., kgf (75 golpes)	DNER - ME 043	500	500
RT a 25°C, mín., MPa	DNER - ME 138	0,65	0,65

Tab. 7.2 Faixas Granulométricas de Agregados

Peneira de malha quadrada		% em massa, passando			
Série ASTM	Abertura (mm)	A	B	C	Tolerâncias
2"	50,8	100	-	-	-
1 1/2"	38,1	95 - 100	100	-	+- 7%
1"	25,4	75 - 100	95 - 100	-	+- 7%
3/4"	19,1	60 - 90	80 - 100	100	+- 7%
1/2"	12,7	-	-	80 - 100	+- 7%
3/8"	9,5	35 - 65	45 - 80	70 - 90	+- 7%
n° 4	4,8	25 - 50	28 - 60	44 - 72	+- 5%
n° 10	2,0	20 - 40	20 - 45	22 - 50	+- 5%
n° 40	0,42	10 - 30	10 - 32	8 - 26	+- 5%
n° 80	0,18	5 - 20	8 - 20	4 - 16	+- 3%
n° 200	0,075	1 - 8	3 - 8	2 - 10	+- 2%
Asfalto Solúvel no CS2 (+) (%)		4,0 - 7,0 Camada de ligação (Binder)	4,5 - 7,5 Camada de ligação e rolamento	4,5 - 9,0 Camada de rolamento	+- 0,3%

Segue uma explicação passo a passo do procedimento de determinação dos parâmetros gerados numa dosagem Marshall para concreto asfáltico:

1. Determinação das massas específicas do Cimento Asfáltico de Petróleo (CAP) e das frações de agregados, respectivamente;
2. Escolha da faixa granulométrica a ser utilizada de acordo com especificações a serem obedecidas;
3. Escolha da composição dos agregados, de forma a enquadrar a mistura dos mesmos, nos limites da faixa granulométrica escolhida, ou seja, é escolhido o percentual em massa de cada agregado para formar a mistura. Note-se que neste momento não se considera ainda o teor de asfalto, portanto, $\Sigma\ \%n = 100\%$ (onde "n" varia de 1 ao número de diferentes agregados na mistura). A porcentagem-alvo na faixa de projeto corresponde à composição de agregados escolhida, podendo em campo variar entre um mínimo e um máximo em cada peneira de acordo com a especificação. Observe-se ainda que a porcentagem-alvo deve estar enquadrada dentro da faixa selecionada;
4. Escolha das temperaturas de mistura e de compactação, a partir da curva viscosidade-temperatura do CAP, conforme exemplo na Fig. 7.1. A temperatura do CAP na hora de ser misturado ao agregado deve ser tal que a sua viscosidade esteja situada entre 75 e 150 SSF (segundos Saybolt-Furol), de preferência entre 75 e 95 SSF ou 0,17 ± 0,02 Pa.s se medida com o viscosímetro rotacional. Independente do tipo de asfalto utilizado, a temperatura não deve ser inferior a 107°C nem superior a 177°C e a temperatura dos agregados deve ser de 10 a 15°C acima da temperatura definida para o ligante, sem ultrapassar 177°C. A temperatura de compactação deve ser tal que o CAP apresente viscosidades na faixa de 125 a 155 SSF ou 0,28 ± 0,03 Pa.s. Recomenda-se consultar as informações do distribuidor ou fabricante para a determinação da consistência adequada de mistura e compactação de ligantes modificados por polímeros elastoméricos ou asfalto borracha;

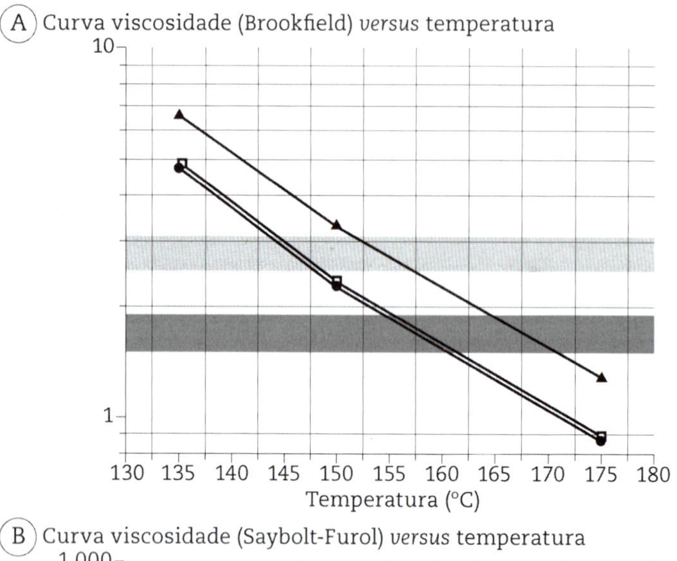

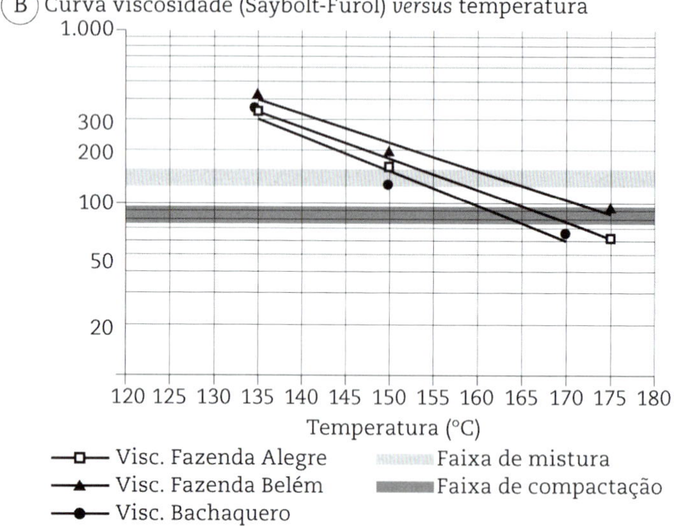

Fig. 7.1 Exemplos de curvas de viscosidade obtidas em diferentes viscosímetros e faixas de mistura e compactação (Bernucci et al., 2007)

5. Adoção de teores de asfalto para os diferentes grupos de corpos de prova a serem moldados. Cada grupo deve ter no mínimo três corpos de prova. Conforme a experiência do projetista, para a granulometria selecionada, é sugeri-

do um teor de asfalto (T, em %) para o primeiro grupo de corpos de prova. Os outros grupos terão teores de asfalto acima (T+0,5% e T+1,0%) e abaixo (T-0,5% e T-1,0%);

6. Após o resfriamento e a desmoldagem dos corpos de prova, obtêm-se as dimensões do mesmo (diâmetro e altura). Determina-se para cada corpo de prova sua massa seca (MS) e submersa em água (MSsub). Com estes valores é possível obter a massa específica aparente dos corpos de prova (Gmb), que por comparação com a massa específica máxima teórica (DMT) ou medida Gmm, vai permitir obter as relações volumétricas típicas da dosagem. Estas relações volumétricas serão mostradas no passo 9;
7. A partir do teor de asfalto do grupo de corpos de prova em questão (%a), ajusta-se o percentual em massa de cada agregado, ou seja, %n = %n* × (100% - %a), onde %n é o percentual em massa do agregado "n" na mistura asfáltica já contendo o asfalto. Note-se que enquanto Σ %n* = 100%, após o ajuste, Σ %n = 100% - %a;
8. Com base em %n, %a, e nas massas específicas reais dos constituintes (Gi), calcula-se a DMT correspondente ao teor de asfalto considerado (%a) usando-se a Eq. 4.2 anteriormente apresentada. Recomenda-se que a utilização da DMT calculada pela Eq. 4.2 seja substituída pela utilização da Gmm determinada no ensaio descrito na norma ABNT-NBR 15619, principalmente quando a absorção do agregado for superior a 0,5%;
9. Cálculo dos parâmetros de dosagem para cada corpo de prova, conforme as Eqs. 7.1 e 7.2:

   Volume dos corpos de prova:

$$V = Ms - Ms_{sub} \tag{7.1}$$

   Massa específica aparente da mistura:

$$Gmb = \frac{Ms}{V} \tag{7.2}$$

Os parâmetros volumétricos a seguir devem ser sempre calculados com valores de Gmb médio de três corpos de prova.

Volume de vazios:

$$Vv = \frac{DMT - Gmb}{DMT} \quad ou \quad Vv = \frac{Gmm - Gmb}{Gmm} \tag{7.3}$$

Segundo as recomendações do DNIT, as equações para o cálculo dos parâmetros Marshall VCB, VAM e RBV, são:

vazios com betume

$$VCB = \frac{Gmb \cdot \%_a}{G_a} \tag{7.4}$$

vazios do agregado mineral

$$VAM = Vv + VCB \tag{7.5}$$

relação betume/vazios

$$RBV = \frac{VCB}{VAM} \tag{7.6}$$

Com o objetivo de harmonizar a metodologia de cálculos para os valores de VAM e RBV, os autores recomendam as seguintes equações preconizadas pelo Instituto do Asfalto norte-americano (IA - MS-2 AC Mix Design e IA - SP-2 Superpave Mix Design):

$$VAM = 100 - \left(\frac{Gmb \cdot \Sigma\%n}{Gsb} \right) \tag{7.7}$$

$$RBV = 100 \times \left(\frac{VAM - Vv}{VAM} \right) \tag{7.8}$$

10. Após as medidas volumétricas, os corpos de prova são submersos em banho-maria a 60°C por 30 a 40 minutos. Retira-se cada corpo de prova colocando-o imediatamente

dentro do molde de compressão. Determinam-se então por meio da prensa Marshall (Fig. 7.2) os seguintes parâmetros mecânicos:

Estabilidade (N): carga máxima a qual o corpo de prova resiste antes da ruptura, definida como um deslocamento ou quebra de agregado de modo a causar diminuição na carga necessária para manter o prato da prensa se deslocando a uma taxa constante (0,8 mm/segundo);

Fluência (mm): deslocamento máximo apresentado pelo corpo de prova correspondente à aplicação da carga máxima.

Na prensa Marshall, determina-se ainda a resistência a tração por compressão diametral, (DNER-ME 138/94) pela utilização de frisos metálicos de carga adaptados ao corpo de prova cilíndrico. Em misturas tipo concreto asfáltico recém-moldadas ou logo após a construção em pista, os valores de resistência à tração situam-se geralmente entre 0,65 MPa e 1,6 MPa (Fig. 7.2).

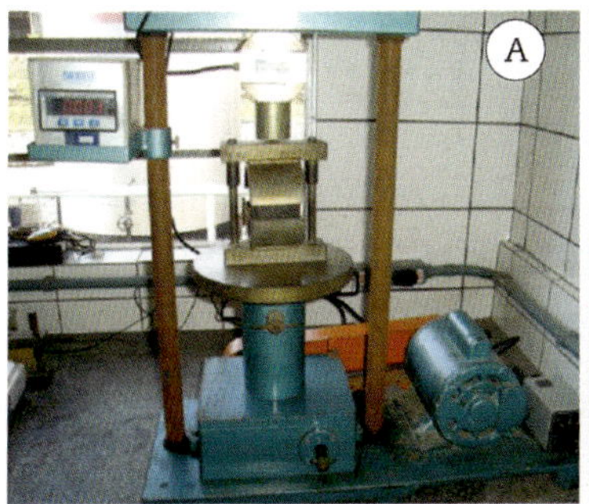

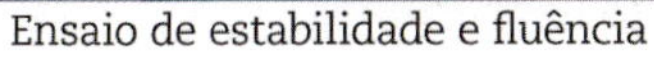
Ensaio de estabilidade e fluência

Ensaio de resistência a tração

Fig. 7.2 Prensa Marshall (Foto: Abeda, 2009)

Com todos os valores dos parâmetros volumétricos e mecânicos determinados, são plotadas seis curvas em função do teor de asfalto, que podem ser usadas na definição do teor de projeto. A Fig. 7.3 apresenta um exemplo com estas curvas.

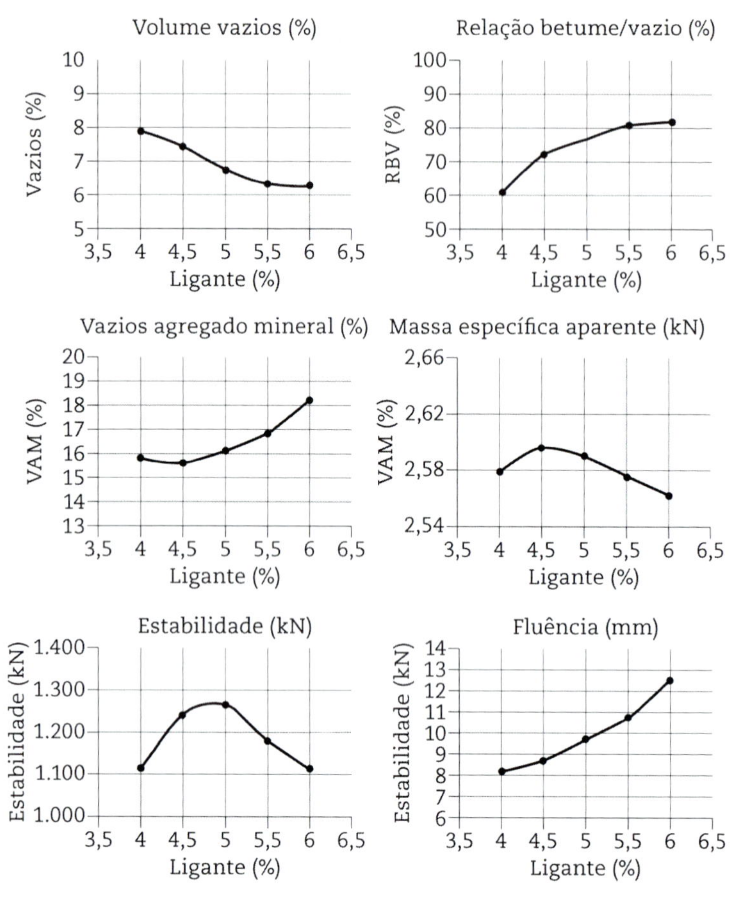

Fig. 7.3 Exemplo de conjunto de curvas resultantes da dosagem

7.1 Determinação do teor de projeto de ligante asfáltico

O método de dosagem Marshall pode apresentar diversas alternativas para escolha do teor de projeto de ligante asfáltico. Segundo a National Asphalt Pavement Association – NAPA (1982), a escolha do teor de asfalto primordialmente para camadas de rolamento em concreto asfáltico é baseada somente no volume de vazios (Vv), correspondente a 4%, ou o Vv correspondente à média das especificações. No Brasil, a escolha do teor de projeto correspondente a um Vv de 4% também é adotada por alguns órgãos rodoviários. Observa-

-se distinção de procedimentos para definir o teor de projeto dependendo do órgão, empresa ou instituto de pesquisa. É comum também a escolha se dar a partir da estabilidade Marshall, da massa específica aparente e do Vv. Nesse caso, o teor de projeto é uma média de três teores, correspondentes aos teores associados à máxima estabilidade, à massa específica aparente máxima da amostra compactada e a um Vv de 4% (ou média das especificações).

Outra forma de se obter o teor de projeto é fazendo uso somente de dois parâmetros volumétricos, Vv e RBV, o que é mostrado a seguir.

Os parâmetros determinados no passo 10 são correspondentes a cada corpo de prova. Os valores de cada grupo são as médias dos valores dos corpos de prova com o mesmo teor de asfalto (Fig. 7.4).

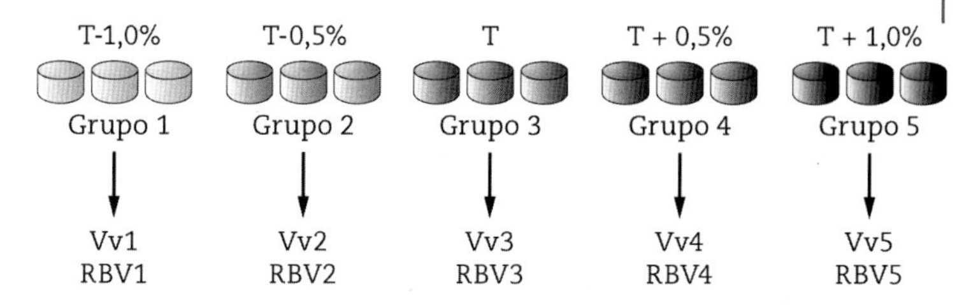

Fig. 7.4 Representação esquemática dos grupos de corpos de prova (Bernucci et al., 2007).

Pode-se então selecionar o teor de projeto a partir dos parâmetros de dosagem Vv e RBV. Com os cinco valores médios de Vv e RBV obtidos nos grupos de corpos de prova é possível traçar um gráfico (Fig. 7.5) do teor de asfalto (no eixo "x") *versus* Vv (no eixo "y1") e RBV (no eixo "y2"). Adicionam-se então linhas de tendência para os valores encontrados dos dois parâmetros.

O gráfico deve conter ainda os limites específicos das duas variáveis, indicados pelas linhas tracejadas. A partir da interseção das linhas de tendência do Vv e do RBV com os limites

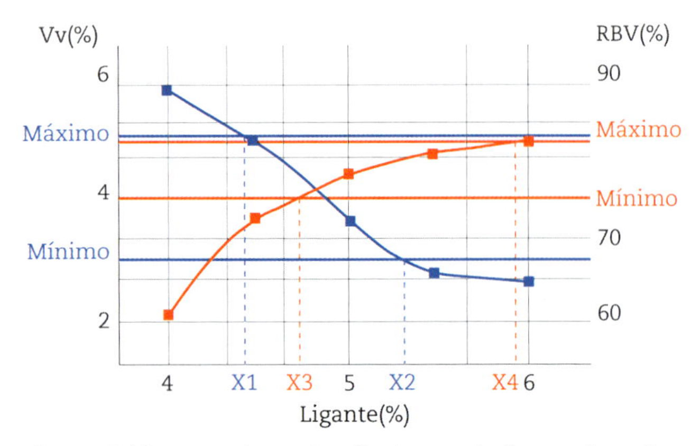

Fig. 7.5 Gráfico para determinação do teor de ligante de projeto.

respectivos de cada um destes parâmetros, são determinados quatro teores de CAP (X_1, X_2, X_3 e X_4). O teor de projeto é selecionado tomando a média dos dois teores centrais, ou seja, teor de projeto = $(X_2 + X_3)/2$.

O projeto de dosagem poderá ser ajustado, considerando os seguintes parâmetros:

- Vv menor que 3% e estabilidade satisfatória – a quantidade de fíler mineral e/ou ligante asfáltico deverá ser reduzida. Também as proporções de agregado graúdo e miúdo poderão ser alteradas para um VAM mais elevado.
- Vv maior que 5% e estabilidade satisfatória – a quantidade de fíler mineral e/ou ligante asfáltico deverá ser aumentada. Também as proporções de agregado graúdo e miúdo poderão ser alteradas para um VAM mais baixo.
- Vv menor que 3% e estabilidade baixa – aumentar a quantidade de fíler mineral e reduzir o teor de ligante asfáltico. Também a proporção de agregado graúdo poderá ser aumentada.
- Vv maior que 5% e estabilidade baixa – aumentar a quantidade de fíler mineral. Também as proporções de agregado graúdo e miúdo poderão ser alteradas para um VAM mais baixo.

- Vv entre 3% a 5% e estabilidade baixa – reduzir o teor de ligante asfáltico e/ou aumentar a quantidade de agregado graúdo para aumentar o tamanho nominal máximo da graduação. Se necessário, o agregado graúdo deverá ser substituído por outro britado que apresente forma mais cúbica e angular.
- Vv entre 3% a 5% e estabilidade alta – se indesejável, deve-se aumentar o teor de ligante asfáltico e reduzir a quantidade de fíler mineral. Também a quantidade de agregado graúdo poderá ser reduzida.

Com a disseminação dos métodos mecanísticos de dimensionamento, recomenda-se que numa dosagem racional, a mistura seja projetada para um determinado nível de resistência à tração (RT) e de módulo de resiliência (MR), de maneira que os conjuntos de tensões nas camadas que compõem a estrutura do pavimento não venham a diminuir a vida útil da estrutura.

Há uma boa correlação entre MR e RT para cada tipo de mistura asfáltica, ou seja, não há uma relação universal, porém particularizada para cada "família" de composição granulométrica e de ligantes asfálticos. Essa relação permanece constante, no entanto, com o passar do tempo, ou seja, com o envelhecimento (Bernucci et al., 2007).

7.2 Verificação da dosagem

A verificação da dosagem é feita em obra a partir da execução de um segmento de controle ou km inicial. Nesta etapa, alguns ensaios de campo são efetuados para a comparação com os valores e tolerâncias determinadas nas especificações do projeto da mistura. O segmento de controle ou km inicial é de fundamental importância para identificar possíveis variações de materiais e/ou equipamentos e estabelecer diretrizes para a execução e o controle de qualidade do serviço.

Se necessários, pequenos ajustes devem ser efetuados para compatibilizar as condições ambientais e operacionais da obra com os requisitos especificados no projeto de dosagem, tais como: produção e calibração da usina de asfalto, velocidades de espalhamento da acabadora, padrão de rolagem dos equipamentos de compactação (tempo de operação, temperaturas inicial e final, número de coberturas) etc.

Um *checklist* poderá ser elaborado durante a sequência de execução da seção de controle ou km inicial visando "fazer certo da primeira vez" e evitar não conformidades durante o controle de qualidade dos serviços. Nesta etapa são pertinentes algumas questões, tais como:

- Os agregados, ligante asfáltico e fíler mineral atendem as especificações de qualidade?
- As pilhas de agregados estão identificadas, separadas e armazenadas em local limpo e coberto?
- Os agregados estão na graduação requerida e sua umidade foi determinada?
- O tamanho nominal máximo da composição de agregados é compatível com a espessura da camada asfáltica?
- A usina de asfalto está devidamente calibrada considerando a produção x teor de umidade dos agregados?
- O ligante asfáltico e os agregados estão na temperatura correta de usinagem?
- Os agregados estão bem recobertos pela película de ligante na temperatura requerida para a mistura?
- A resistência à água da mistura asfáltica foi avaliada?
- O distribuidor de ligante asfáltico para a imprimação e/ou pintura de ligação está devidamente calibrado? Os bicos da barra de aspersão estão alinhados, desobstruídos e na altura correta? A distribuição do ligante está homogênea?
- A mistura asfáltica está sendo transportada corretamente sem problemas de contaminação, segregação ou perda acentuada de temperatura?

- A quantidade de caminhões para transporte da massa asfáltica é suficiente para a alimentação contínua da acabadora?
- A mesa da acabadora está na temperatura adequada? O sistema eletrônico de controle de espessura está operante?
- A velocidade de aplicação da acabadora é compatível com a produção da usina e com o acabamento desejado?
- A mistura asfáltica está sendo aplicada com uniformidade, nas temperaturas e espessuras requeridas?
- O padrão de rolagem está adequado para atender ao grau de compactação requerido (tipos, quantidade de rolos e coberturas, temperaturas inicial e final de compactação, pressão/aquecimento dos pneus, amplitude e frequência de vibração)?
- Produtos antiaderentes estão sendo utilizados em substituição ao óleo diesel?
- As condições climáticas (temperatura, velocidade do vento, umidade) permitem atingir o grau de compactação requerido para a mistura asfáltica?
- A mistura asfáltica está na temperatura adequada para sua abertura ao tráfego?

7.2.1 Ensaios correntes de verificação da dosagem

O conteúdo de ligante asfáltico, a graduação dos agregados e o grau de compactação (análise do volume de vazios) do km inicial devem ser verificados e comparados com os valores de projeto. Pequenas variações podem ser ajustadas de acordo com as tolerâncias determinadas nas especificações. Em caso de não conformidades, devem ser tomadas medidas corretivas e um novo projeto de dosagem de mistura asfáltica poderá ser requerido.

Os seguintes métodos de ensaios devem ser utilizados para a verificação do projeto de dosagem:

- Conteúdo de ligante asfáltico – o método mais utilizado é o da extração com solvente para separar o ligante dos agregados previamente misturados na usina de asfalto, e coletados imediatamente após a passagem da acabadora, segundo os procedimentos descritos nas normas ASTM 2172 e DNER ME-053. A Fig. 7.6 apresenta os aparelhos Refluxo e Rotarex utilizados nos ensaios, respectivamente.
- Graduação dos agregados – a graduação dos agregados da amostra, a qual foi extraído o ligante asfáltico, deve ser obtida por peneiramento segundo a norma DNER ME-083.
- Grau de Compactação (GC) – amostras indeformadas retiradas da secção de controle ou km inicial, por meio de sonda rotativa, devem ser submetidas aos ensaios de densidade aparente e comparadas com as obtidas no projeto de dosagem (valores limites de GC entre 97 a 101%) ou, preferencialmente, em relação a máxima medida "Rice", medida a partir da mistura asfáltica não compactada e extraída da seção de controle para verificação do volume de vazios (Vv). Recomenda-se que a densidade aparente do km inicial seja adotada como a densidade de referência para o controle de qualidade do serviço asfáltico.

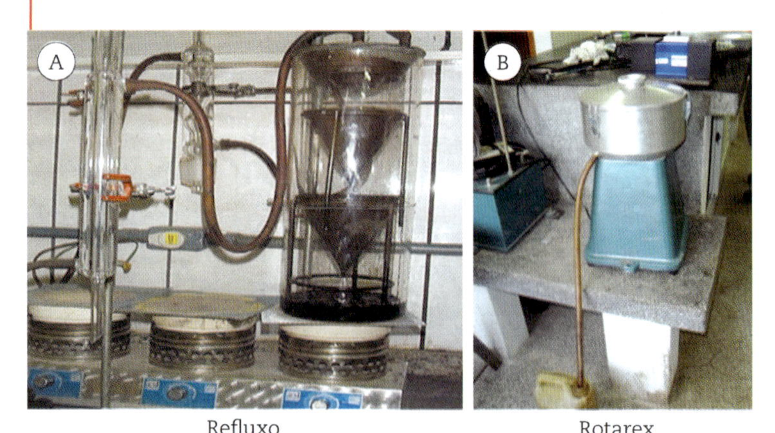

Fig. 7.6 Aparelhos para extração com solvente de ligante asfáltico e agregados (Foto: Abeda, 2009)

8. Comentário sobre o programa Superpave

O Strategic Highway Research Program (SHRP) foi estabelecido nos Estados Unidos em 1987, como um plano de estudos para melhorar o desempenho, a durabilidade e a segurança das estradas. Um dos principais resultados deste programa foi a proposição de novos métodos de avaliação e especificações de materiais (ligantes e agregados) e de misturas asfálticas, e passaram a ser conhecidas como Superpave.

Segundo pesquisadores do programa norte-americano Superpave, em relação aos agregados, há um consenso de que suas propriedades têm influência direta no comportamento dos revestimentos asfálticos quanto a deformações permanentes, e afetam, embora em menor grau, o comportamento relacionado ao trincamento por fadiga e por baixas temperaturas. Estes pesquisadores identificaram duas categorias de propriedades dos agregados que devem ser consideradas: as propriedades de consenso e de origem.

As propriedades de consenso são aquelas consideradas de exigência fundamental para o bom desempenho dos revestimentos asfálticos: angularidade do agregado graúdo; angularidade do agregado miúdo; partículas alongadas e achatadas e teor de argila.

8.1.1 Angularidade do agregado graúdo

A angularidade do agregado graúdo garante atrito entre as partículas que propicia a resistência à deformação permanente. É definida como a percentagem em peso de agregados maiores do que 4,75 mm com uma ou mais faces fraturadas. A Tab. 8.1 apresenta os valores mínimos necessários da angu-

Tab. 8.1 Critério de definição da angularidade do agregado graúdo

N (x 10^6) Repetições do eixo padrão	Profundidade a partir da superfície	
	< 100 mm	> 100 mm
< 0,3	55 / -	- / -
< 1	65 / -	- / -
< 3	75 / -	50 / -
< 10	85 / 80	60 / -
< 30	95 / 90	80 / 75
< 100	100 / 100	95 / 90
≥ 100	100 / 100	100 / 100

"85 / 80" significa que 85% do agregado graúdo tem uma ou mais faces fraturadas e 80% tem duas ou mais faces fraturadas

laridade do agregado graúdo em função do nível de tráfego e da posição em que vai ser utilizado na estrutura do pavimento.

8.1.2 Angularidade do agregado miúdo

A angularidade do agregado miúdo garante atrito entre as partículas que propicia a resistência à deformação permanente. É definida como a percentagem de vazios de ar presentes em agregados com tamanhos de partículas menores que 2,36 mm, em uma condição de estado solto. Sua determinação é feita segundo o método ASTM C 1252 (Fig. 8.1). W é a massa de agregado miúdo que preenche um cilindro de volume conhecido, e V e Gsb são a massa específica real do agregado miúdo.

A Tab. 8.2 apresenta os valores mínimos necessários da angularidade do agregado miúdo em função do nível de tráfego e da posição em que vai ser utilizado na estrutura do pavimento.

8.1.3 Partículas alongadas e achatadas

Partículas alongadas e achatadas são expressas pela porcentagem em massa de agregado graúdo que tem a razão entre a dimensão máxima e a dimensão mínima maior do que 5, sendo indesejáveis porque têm a tendência de quebra-

Tab. 8.2 Critério de definição da angularidade do agregado miúdo – valores mínimos.

N (x 10^6)Repetições do eixo padrão	Profundidade a partir da superfície	
	< 100 mm	> 100 mm
< 0,3	-	-
< 1	40	-
< 3	40	40
< 10	45	40
< 30	45	40
< 100	45	45
≥ 100	45	45

Valores são porcentagens mínimas requeridas de vazios de ar no agregado miúdo no estado solto

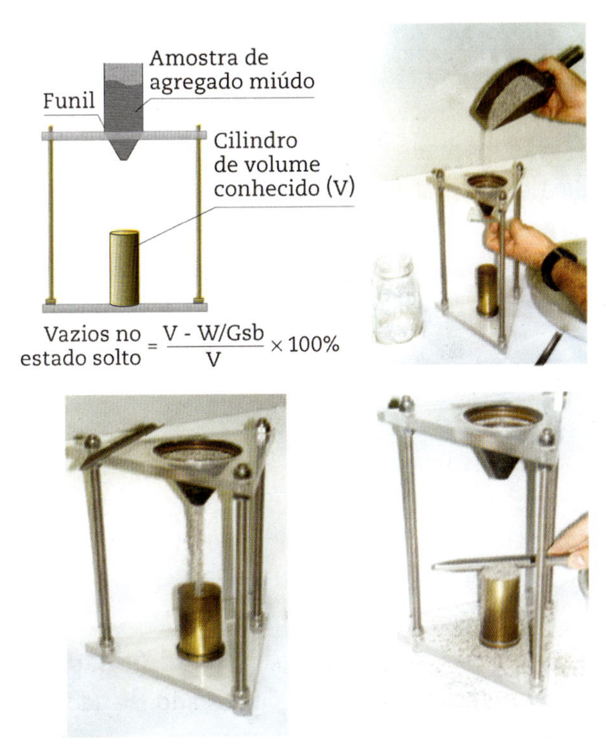

Fig. 8.1 Equipamento para determinação da angularidade do agregado miúdo (Bernucci et al., 2007)

rem durante o processo de construção e sob a ação do tráfego. Esta razão é determinada pelo método ASTM D 4791 (Fig. 8.2) na fração do agregado graúdo maior do que 4,75 mm.

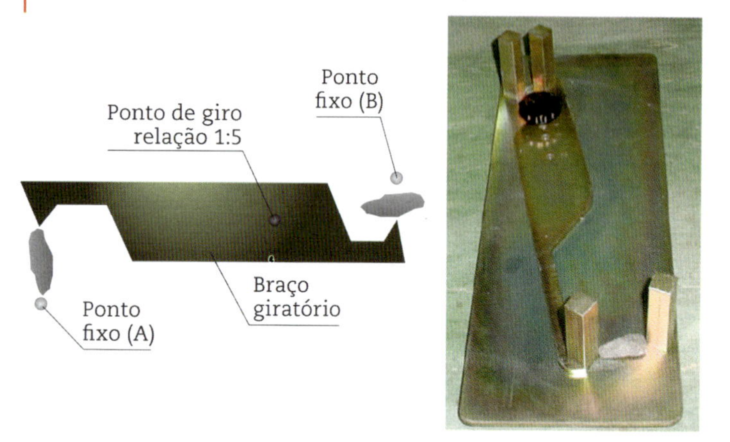

Fig. 8.2 Medição de partículas alongadas e achatadas (Bernucci et al, 2007).

São medidos dois valores neste ensaio: a porcentagem de partículas alongadas e a porcentagem de partículas achatadas. A Tab. 8.3 apresenta os valores máximos admissíveis de partículas alongadas e achatadas do agregado graúdo em função do nível de tráfego.

8.1.4 Teor de argila

O teor de argila é definido como a porcentagem de material argiloso na fração do agregado menor do que 4,75 mm. É determinada pelo ensaio de equivalente de areia. A Tab. 8.4 apresenta os valores mínimos admissíveis de equivalente de areia em função do nível de tráfego.

8.2 Agregados – propriedades de origem

São propriedades que dependem da origem do agregado; seus valores limites para aceitação são definidos localmente pelos órgãos ou agências.

Tab. 8.3 Valores máximos percentuais de partículas alongadas e achatadas

N (x 10^6) repetições do eixo padrão	Máximo (%)
< 0,3	-
< 1	-
< 3	10
< 10	10
< 30	10
< 100	10
≥ 100	10

Tab. 8.4 Valores mínimos percentuais de equivalente de areia.

N (x 10^6) repetições do eixo padrão	Equivalente de areia, mínimo, %
< 0,3	40
< 1	40
< 3	40
< 10	45
< 30	45
< 100	50
≥ 100	50

Estas propriedades são a resistência à abrasão, a sanidade e a presença de materiais deletérios. São determinadas conforme os métodos descritos anteriormente.

8.3 Método de dosagem Superpave

Para a dosagem de misturas asfálticas foi proposta uma metodologia distinta a Marshall que consiste basicamente em estimar um teor provável de projeto pela fixação do volume de vazios e do conhecimento da granulometria dos agregados disponíveis.

A principal diferença entre este procedimento e o Marshall é a forma de compactação. Enquanto na dosagem Marshall, a compactação é feita por impacto (golpes), na dosagem Superpave é realizada por amassamento (giros), por um equipamento denominado compactador giratório (CGS). O projeto de mistura é todo feito utilizando o CGS que é e um equipamento portátil e prático com boa repetibilidade e reprodutibilidade.

Outra diferença que pode ser citada entre os dois processos é a forma de escolha da granulometria da mistura de agregados. A metodologia Superpave incluiu os conceitos de pontos de controle e zona de restrição. Teoricamente, pareceria razoável que a melhor graduação para os agregados nas misturas asfálticas fosse aquela que fornecesse a graduação mais densa (densidade máxima). A graduação com maior densidade acarreta estabilidades superiores por um maior contato entre as partículas e reduzidos vazios no agregado mineral. Porém, é necessário a existência de um espaço de vazios tal que permita um volume suficiente de ligante a ser incorporado. Isto garante durabilidade e ainda permite algum volume de vazios na mistura para evitar exsudação (Bernucci et al., 2007).

A forma de determinação da curva de densidade máxima mais conhecida é a proposta por Fuller e Thompson em 1907 (Eq. 8.1):

$$P = 100\left(\frac{d}{D}\right)^n \quad (8.1)$$

Onde:

P = porcentagem de material que passa na peneira de diâmetro d;

d = diâmetro da peneira em questão;

D = tamanho máximo do agregado, definido como uma peneira acima do tamanho máximo nominal, sendo este último definido como o tamanho de peneira maior que a primeira peneira que retém mais que 10% de material.

Os estudos de Fuller mostraram que a granulometria de densidade máxima pode ser obtida para um agregado quando n = 0,50. Na década de 1960, a Federal Highway Administration dos Estados Unidos adotou o expoente como 0,45.

Graficamente, a granulometria é mostrada num eixo cuja ordenada é a porcentagem que passa e a abcissa é uma escala numérica da razão "tamanhos de peneira / tamanho máximo do agregado", elevada à potência de 0,45 (ou somente "tamanho da peneira" elevado a 0,45). A granulometria de densidade máxima é uma linha reta que parte da origem e vai até o ponto do tamanho máximo do agregado. Uma granulometria que repouse sobre ou próxima a esta linha não permitirá a incorporação de um volume adequado de ligante.

Nas especificações Superpave para granulometria dos agregados foram acrescentadas duas características ao gráfico de potência 0,45: (a) pontos de controle e (b) zona de restrição.

- Os pontos de controle funcionam como pontos mestres onde a curva granulométrica deve passar. Eles estão no tamanho nominal máximo, um no tamanho intermediário (2,36 mm) e um nos finos (0,075 mm).
- A zona de restrição (ZR) repousa sobre a linha de densidade máxima e nas peneiras intermediárias (4,75 mm ou 2,36 mm) e no tamanho 0,3 mm. Forma uma região na qual a curva não deve passar (Fig. 8.3). Granulometrias que violam a zona de restrição possuem esqueleto pétreo frágil, que dependem muito do ligante para terem resistência ao cisalhamento. Estas misturas são muito sensíveis ao teor de ligante e podem facilmente deformar. As especificações Superpave recomendam, mas não obrigam que as misturas possuam granulometrias abaixo da zona de restrição.

Segundo a metodologia Superpave, a relação pó (passante # 200) / ligante leva em consideração somente o teor efetivo de asfalto, não absorvido pelo agregado, ao invés do teor de ligante de projeto, especificando valores entre 0,6 e 1,2.

Posteriormente, estudos de desempenho em pistas (FHWA, 2001) recomendaram ampliar a faixa para 0,8 a 1,4 em graduações finas (acima da linha de densidade máxima) e para 0,8 a 1,6 em graduações grossas (abaixo da linha de densidade máxima).

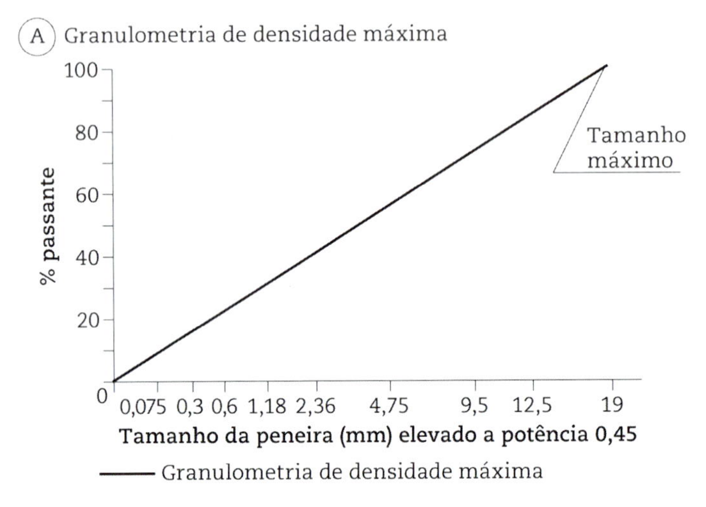

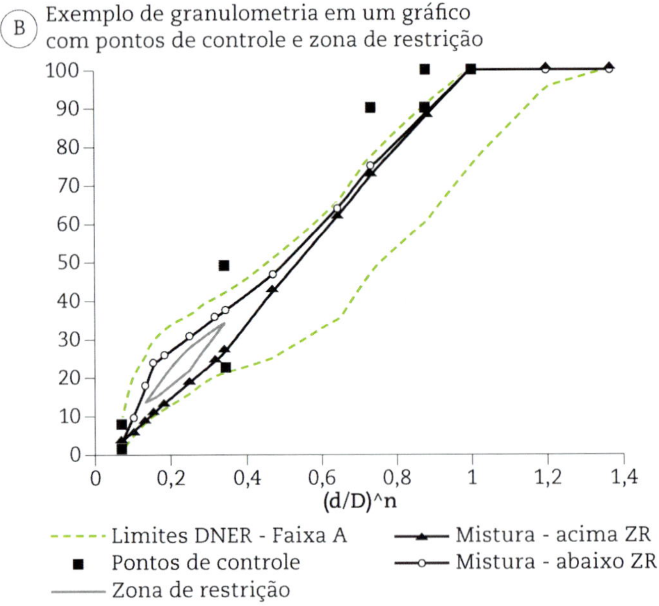

Fig. 8.3 Exemplo de granulometria adequada à especificação Superpave (Bernucci et al., 2007)

No procedimento Superpave há três níveis de projeto de mistura dependendo do tráfego e da importância da rodovia, conforme indicado no Quadro 8.1.

Quadro 8.1 Organização hierárquica do método Superpave

Nível	**1**	**2**	**3**
Critério	Volumétrico	Volumétrico Ensaios de previsão de desempenho a uma temperatura	Volumétrico Ensaios de previsão de desempenho a três temperaturas
N (AASHTO)	$< 10^6$	10^6	10^7

Dependendo do tráfego, o projeto de mistura pode estar completo após o projeto volumétrico (Nível 1). Valores de tráfego (número N) sugeridos como limites entre os diferentes níveis são 10^6 e 10^7. Nos Níveis 2 e 3, ensaios baseados em desempenho são conduzidos para otimizar o projeto a fim de resistir a falhas como deformação permanente, trincamento por fadiga e trincamento à baixa temperatura.

Bibliografia consultada

ABNT – ASSOCIAÇÃO BRASILEIRA DE NORMAS TÉCNICAS. NBR 14329:1999: *Cimento asfáltico de petróleo* – Determinação expedita da resistência à água (adesividade) sobre agregados graúdos. Rio de Janeiro: ABNT, 1999.

ABNT – ASSOCIAÇÃO BRASILEIRA DE NORMAS TÉCNICAS. NBR 05847:2001: *Materiais betuminosos* – Determinação da viscosidade absoluta. Rio de Janeiro: ABNT: 2001.

ABNT – ASSOCIAÇÃO BRASILEIRA DE NORMAS TÉCNICAS. NBR 06293:2001: *Materiais betuminosos* - Determinação da ductilidade. Rio de Janeiro: ABNT, 2001.

ABNT – ASSOCIAÇÃO BRASILEIRA DE NORMAS TÉCNICAS. NBR 14746:2001: *Microrrevestimentos* a frio e lama asfáltica – Determinação de perda por abrasão úmida (WTAT). Rio de Janeiro: ABNT, 2001.

ABNT – ASSOCIAÇÃO BRASILEIRA DE NORMAS TÉCNICAS. NBR 14756:2001: *Materiais betuminosos* – Determinação da viscosidade cinemática. Rio de Janeiro: ABNT, 2001.

ABNT – ASSOCIAÇÃO BRASILEIRA DE NORMAS TÉCNICAS. NBR 14757:2001: *Microrrevestimentos e lamas asfálticas* – Determinação da adesividade de misturas. Rio de Janeiro: ABNT, 2001.

ABNT – ASSOCIAÇÃO BRASILEIRA DE NORMAS TÉCNICAS. NBR 14758:2001: *Microrrevestimentos asfálticos* – Determinação do tempo mínimo de misturação. Rio de Janeiro: ABNT, 2001.

ABNT – ASSOCIAÇÃO BRASILEIRA DE NORMAS TÉCNICAS. NBR 14798:2002: *Microrrevestimentos asfálticos* – Determinação da coesão e características da cura pelo coesímetro. Rio de Janeiro: ABNT, 2002.

ABNT – ASSOCIAÇÃO BRASILEIRA DE NORMAS TÉCNICAS. NBR 14856:2002: *Materiais betuminosos* – Determinação da solubilidade em tricloroetileno. Rio de Janeiro: ABNT, 2002.

ABNT – ASSOCIAÇÃO BRASILEIRA DE NORMAS TÉCNICAS. NBR 14856:2002: *Asfaltos diluídos* – Ensaio de destilação. Rio de Janeiro: ABNT, 2002.

ABNT – ASSOCIAÇÃO BRASILEIRA DE NORMAS TÉCNICAS. NBR 14841:2002: *Microrrevestimentos a frio* – Determinação de excesso de asfalto e adesão de areia pela máquina LWT. Rio de Janeiro: ABNT, 2002.

ABNT – ASSOCIAÇÃO BRASILEIRA DE NORMAS TÉCNICAS. NBR 06297:2003: *Emulsão asfáltica de ruptura lenta* – Determinação de ruptura – Método da mistura com cimento. Rio de Janeiro: ABNT, 2003.

ABNT – ASSOCIAÇÃO BRASILEIRA DE NORMAS TÉCNICAS. NBR 14948:2003: *Microrrevestimentos asfálticos a frio modificados por polímero* – Materiais, execução e desempenho. Rio de Janeiro: ABNT, 2003.

ABNT – ASSOCIAÇÃO BRASILEIRA DE NORMAS TÉCNICAS. NBR 14949:2003: *Microrrevestimentos asfálticos* – Caracterização da fração fina por meio da absorção de azul de metileno. Rio de Janeiro: 2003.

ABNT – ASSOCIAÇÃO BRASILEIRA DE NORMAS TÉCNICAS. NBR 05765:2004: *Asfaltos diluídos* – Determinação do ponto de fulgor - Vaso aberto Tag. Rio de Janeiro: ABNT, 2004.

ABNT – ASSOCIAÇÃO BRASILEIRA DE NORMAS TÉCNICAS. NBR 06296:2004: *Produtos betuminosos semi-sólidos* – Determinação da massa específica e densidade relativa. Rio de Janeiro: ABNT, 2004.

ABNT – ASSOCIAÇÃO BRASILEIRA DE NORMAS TÉCNICAS. NBR 14896:2004: *Emulsões asfálticas modificadas com polímero* – Determinação do resíduo seco por evaporação. Rio de Janeiro: ABNT, 2004.

ABNT – ASSOCIAÇÃO BRASILEIRA DE NORMAS TÉCNICAS. NBR 15087:2004: *Misturas asfálticas* – Determinação da resistência à tração por compressão diametral. Rio de Janeiro: ABNT, 2004.

ABNT – ASSOCIAÇÃO BRASILEIRA DE NORMAS TÉCNICAS. NBR 15140:2004: *Misturas asfálticas* – Determinação do desgaste por abrasão Cantabro. Rio de Janeiro: ABNT, 2004.

ABNT – ASSOCIAÇÃO BRASILEIRA DE NORMAS TÉCNICAS. NBR 15166:2004: *Asfalto modificado* – Ensaio de separação de fase. Rio de Janeiro: ABNT, 2004.

ABNT – ASSOCIAÇÃO BRASILEIRA DE NORMAS TÉCNICAS. NBR 15184:2004: *Materiais betuminosos* – Determinação da viscosidade em temperaturas elevadas usando um viscosímetro rotacional. Rio de Janeiro: ABNT, 2004.

ABNT – ASSOCIAÇÃO BRASILEIRA DE NORMAS TÉCNICAS. NBR 06299:2005: *Emulsões asfálticas* – Determinação do pH. Rio de Janeiro: ABNT, 2005.

ABNT – ASSOCIAÇÃO BRASILEIRA DE NORMAS TÉCNICAS. NBR 06568:2005: *Emulsões asfálticas* – Determinação do resíduo de destilação. Rio de Janeiro: ABNT, 2005.

ABNT – ASSOCIAÇÃO BRASILEIRA DE NORMAS TÉCNICAS. NBR 06570:2005: *Emulsões asfálticas* – Determinação da sedimentação. Rio de Janeiro: ABNT, 2005.

ABNT – ASSOCIAÇÃO BRASILEIRA DE NORMAS TÉCNICAS. NBR 14594:2005: *Emulsões asfálticas catiônicas* – Especificação. Rio de Janeiro: ABNT, 2005.

ABNT – ASSOCIAÇÃO BRASILEIRA DE NORMAS TÉCNICAS. NBR 14393:2006: *Emulsões asfálticas* – Determinação da peneiração. Rio de Janeiro: ABNT, 2006.

ABNT – ASSOCIAÇÃO BRASILEIRA DE NORMAS TÉCNICAS. NBR 06576:2007: *Materiais betuminosos* – Determinação da penetração. Rio de Janeiro: ABNT, 2007.

ABNT – ASSOCIAÇÃO BRASILEIRA DE NORMAS TÉCNICAS. NBR 14249:2007: *Emulsão asfáltica catiônica* – Determinação expedita da resistência à água (adesividade) sobre agregados graúdos. Rio de Janeiro: ABNT, 2007.

ABNT – ASSOCIAÇÃO BRASILEIRA DE NORMAS TÉCNICAS. NBR 14376:2007: *Emulsões asfálticas* – Determinação do resíduo asfáltico por evaporação - Método expedito. Rio de Janeiro: ABNT, 2007.

ABNT – ASSOCIAÇÃO BRASILEIRA DE NORMAS TÉCNICAS. NBR 14491:2007: *Emulsões asfálticas* – Determinação da viscosidade Saybolt-Furol. Rio de Janeiro: ABNT, 2007.

ABNT – ASSOCIAÇÃO BRASILEIRA DE NORMAS TÉCNICAS. NBR 15528:2007: *Aditivos orgânicos melhoradores de adesividade para cimento asfáltico de petróleo* – Avaliação para recebimento. Rio de Janeiro: ABNT, 2007.

ABNT – ASSOCIAÇÃO BRASILEIRA DE NORMAS TÉCNICAS. NBR 15529:2007: *Asfalto borracha* – Propriedades reológicas de materiais não newtonianos por viscosímetro rotacional. Rio de Janeiro: 2007.

ABNT – ASSOCIAÇÃO BRASILEIRA DE NORMAS TÉCNICAS. NBR 06302:2008: *Emulsões asfálticas* – Determinação da ruptura – Método de mistura com fíler silícico. Rio de Janeiro: ABNT, 2008.

ABNT – ASSOCIAÇÃO BRASILEIRA DE NORMAS TÉCNICAS. NBR 06560:2008: *Materiais betuminosos* – Determinação do ponto de amolecimento - Método do anel e bola. Rio de Janeiro: ABNT, 2008.

ABNT – ASSOCIAÇÃO BRASILEIRA DE NORMAS TÉCNICAS. NBR 06569:2008: *Emulsões asfálticas* catiônicas – Determinação da desemulsibilidade. Rio de Janeiro: ABNT, 2008.

ABNT – ASSOCIAÇÃO BRASILEIRA DE NORMAS TÉCNICAS. NBR 15573:2008: Misturas asfálticas – Determinação da massa específica aparente de corpos-de-prova compactados. Rio de Janeiro, ABNT, 2008.

ABNT – ASSOCIAÇÃO BRASILEIRA DE NORMAS TÉCNICAS. NBR 15617:2008: *Misturas asfálticas* – Resistência do dano por umidade induzida. Rio de Janeiro: ABNT, 2008.

ABNT – ASSOCIAÇÃO BRASILEIRA DE NORMAS TÉCNICAS. NBR 15618:2008: *Cimento asfáltico de petróleo* – Avaliação por desempenho de aditivos orgânicos melhoradores de adesividade. Rio de Janeiro: ABNT, 2008.

ABNT – ASSOCIAÇÃO BRASILEIRA DE NORMAS TÉCNICAS. NBR 15619:2008: *Misturas asfálticas* – Determinação da massa específica aparente máxima medida em amostras não compactadas. Rio de Janeiro: ABNT, 2008.

ABNT – ASSOCIAÇÃO BRASILEIRA DE NORMAS TÉCNICAS. NBR 06300:2009: *Emulsões asfálticas catiônicas* – Determinação da resistência à água (adesividade). Rio de Janeiro: ABNT, 2009.

ABNT – ASSOCIAÇÃO BRASILEIRA DE NORMAS TÉCNICAS. NBR 06567:2009: *Emulsões asfálticas* – Determinação da carga de partícula. Rio de Janeiro: ABNT, 2009.

ABNT – ASSOCIAÇÃO BRASILEIRA DE NORMAS TÉCNICAS. NBR 14725-1:2009: *Produtos químicos* – Informações sobre segurança, saúde, meio ambiente – Parte 1: Terminologia. Rio de Janeiro: ABNT, 2009.

ABNT – ASSOCIAÇÃO BRASILEIRA DE NORMAS TÉCNICAS. NBR 14725-2:2009: *Produtos químicos* – Informações sobre segurança, saúde, meio ambiente – Parte 2: Sistema de classificação de perigo. Rio de Janeiro: ABNT, 2009.

ABNT – ASSOCIAÇÃO BRASILEIRA DE NORMAS TÉCNICAS. NBR 14725-3:2009: *Produtos químicos* – Informações sobre segurança, saúde, meio ambiente – Parte 3: Rotulagem. Rio de Janeiro: ABNT, 2009.

ABNT – ASSOCIAÇÃO BRASILEIRA DE NORMAS TÉCNICAS. NBR 14725-4:2009: *Produtos químicos* – Informações sobre segurança, saúde, meio ambiente – Parte 4: Ficha de informações de segurança de produtos químicos (FISPQ). Rio de Janeiro: ABNT, 2009.

ABNT – ASSOCIAÇÃO BRASILEIRA DE NORMAS TÉCNICAS. NBR 15235:2009: *Materiais asfálticos* – Determinação do efeito do calor e do ar em uma película delgada rotacional. Rio de Janeiro: ABNT, 2009.

ABNT – ASSOCIAÇÃO BRASILEIRA DE NORMAS TÉCNICAS. NBR 15694:2009: *Emulsões asfálticas* – Confirmação da carga de partícula de emulsões catiônicas de ruptura lenta e de ruptura controlada, convencionais e modificadas por polímeros. Rio de Janeiro: ABNT, 2009.

AKZO NOBEL. Activantes de Adhesividad. *Documento Técnico*, USA, 2007.

ARRMAZ CUSTOM CHEMICALS, INC. Antistripping Additives. *Technical Data Sheets*, USA, 2005.

ASPHALT INSTITUTE ES-10. *Cause and Prevention of Stripping in Asphalt*. 2. ed. College Park, Maryland, USA, 1987.

ASPHALT INSTITUTE MS-2. *Mix Design Methods for Asphalt Concrete and other Hot-Mix Types*. USA, 1995.

ASPHALT INSTITUTE SP-2. *Superpave Mix Design*. USA, 1996.

ASPHALT INSTITUTE. *The asphalt handbook*. Manual Series, n. 4 (MS-4), College Park, 2007.

ASPHALT INSTITUTE MS-24. *Moisture Sensitivity*. Best Practices to Minimize Moisture Sensitivity in Asphalt Mixtures. 1 ed, USA, 2007.

BERNUCCI, L. B.; CERATTI, J. A. P.; CHAVES, J. M.; MOURA, E.; CARVALHO A. D. Estudo de Adesividade no Comportamento de Misturas Asfálticas. *Anais do 10° Congresso Ibero-Latino-americano del Asfalto*. Espanha, 1999.

BERNUCCI, L. B.; MOTTA, L. M. G.; CERATTI, J. A. P.; SOARES, J. B.; *Pavimentação Asfáltica* – Formação Básica para Engenheiros. Petrobras e ABEDA, 2007.

CASTRO, P. C. G.; FELIPPE, L. G. Departamento Autônomo de Estradas de Rodagem. *Concreto Asfáltico*. Separata Boletim 101, 102, 103 e 104. 1970.

DNIT – DEPARTAMENTO NACIONAL DE INFRAESTRUTURA DE TRANSPORTES. ES 306/97: *Imprimação*. Brasília: DNIT, 1997. Disponível em: <http://ipr.dnit.gov.br/>.

DNIT – DEPARTAMENTO NACIONAL DE INFRAESTRUTURA DE TRANSPORTES. ES 307/97: *Pintura de ligação*. Brasília: DNIT, 1997. Disponível em: <http://ipr.dnit.gov.br/>.

DNIT – DEPARTAMENTO NACIONAL DE INFRAESTRUTURA DE TRANSPORTES. ES 308/97: *Tratamento superficial simples*. Brasília: DNIT, 1997. Disponível em: <http://ipr.dnit.gov.br/>.

DNIT – DEPARTAMENTO NACIONAL DE INFRAESTRUTURA DE TRANSPORTES. ES 309/97: *Tratamento superficial duplo*. Brasília: DNIT, 1997. Disponível em: <http://ipr.dnit.gov.br/>.

DNIT – DEPARTAMENTO NACIONAL DE INFRAESTRUTURA DE TRANSPORTES. ES 310/97: *Tratamento superficial triplo*. Brasília: DNIT, 1997. Disponível em: <http://ipr.dnit.gov.br/>.

DNIT – DEPARTAMENTO NACIONAL DE INFRAESTRUTURA DE TRANSPORTES. ES 311/97: *Macadame betuminoso por penetração*. Brasília: DNIT, 1997. Disponível em: < http://ipr.dnit.gov.br/>.

DNIT – DEPARTAMENTO NACIONAL DE INFRAESTRUTURA DE TRANSPORTES. ES 314/97: *Lama asfáltica*. Brasília: DNIT, 1997. Disponível em: <http://ipr.dnit.gov.br/>.

DNIT – DEPARTAMENTO NACIONAL DE INFRAESTRUTURA DE TRANSPORTES. ES 315/97: *Acostamento*. Brasília: DNIT, 1997. Disponível em: <http://ipr.dnit.gov.br/>.

DNIT – DEPARTAMENTO NACIONAL DE INFRAESTRUTURA DE TRANSPORTES. ES 316/97: *Base de macadame hidráulico*. Brasília: DNIT, 1997. Disponível em: <http://ipr.dnit.gov.br/>.

DNIT – DEPARTAMENTO NACIONAL DE INFRAESTRUTURA DE TRANSPORTES. ES 317/97: *Pré-misturados a frio*. Brasília: DNIT, 1997. Disponível em: <http://ipr.dnit.gov.br/>.

DNIT – DEPARTAMENTO NACIONAL DE INFRAESTRUTURA DE TRANSPORTES. ES 385/99: *Concreto asfáltico com asfalto polímero*. Brasília: DNIT, 1999. Disponível em: <http://ipr.dnit.gov.br/>.

DNIT – DEPARTAMENTO NACIONAL DE INFRAESTRUTURA DE TRANSPORTES. ES 386/99: *Pré-misturado a quente com asfalto polímero* – camada porosa de atrito. Brasília: DNIT, 1999. Disponível em: <http://ipr.dnit.gov.br/>.

DNIT – DEPARTAMENTO NACIONAL DE INFRAESTRUTURA DE TRANSPORTES. ES 387/99: *Areia asfalto a quente com asfalto polímero*. Brasília: DNIT, 1999. Disponível em: <http://ipr.dnit.gov.br/>.

DNIT – DEPARTAMENTO NACIONAL DE INFRAESTRUTURA DE TRANSPORTES. ES 388/99: *Micro pré-misturado a quente com asfalto polímero*. Brasília: DNIT, 1999. Disponível em: <http://ipr.dnit.gov.br/>.

DNIT – DEPARTAMENTO NACIONAL DE INFRAESTRUTURA DE TRANSPORTES. ES 390/99: *Pré-misturado a frio com emulsão modificada por polímero*. Brasília: DNIT, 1999. Disponível em: <http://ipr.dnit.gov.br/>.

DNIT – DEPARTAMENTO NACIONAL DE INFRAESTRUTURA DE TRANSPORTES. ES 391/99: *Tratamento superficial simples com asfalto polímero*. Brasília: DNIT, 1999. Disponível em: <http://ipr.dnit.gov.br/>.

DNIT – DEPARTAMENTO NACIONAL DE INFRAESTRUTURA DE TRANSPORTES. ES 392/99: *Tratamento superficial duplo com asfalto polímero*. Brasília: DNIT, 1999. Disponível em: <http://ipr.dnit.gov.br/>.

DNIT – DEPARTAMENTO NACIONAL DE INFRAESTRUTURA DE TRANSPORTES. ES 393/99: *Tratamento superficial triplo com asfalto polímero*. Brasília: DNIT, 1999. Disponível em: <http://ipr.dnit.gov.br/>.

DNIT – DEPARTAMENTO NACIONAL DE INFRAESTRUTURA DE TRANSPORTES. ES 394/99: *Macadame por penetração com asfalto polímero*. Brasília: DNIT, 1999. Disponível em: <http://ipr.dnit.gov.br/>.

DNIT – DEPARTAMENTO NACIONAL DE INFRAESTRUTURA DE TRANSPORTES. ES 395/99: *Pintura de ligação com asfalto polímero*. Brasília: DNIT, 1999. Disponível em: <http://ipr.dnit.gov.br/>.

DNIT – DEPARTAMENTO NACIONAL DE INFRAESTRUTURA DE TRANSPORTES. ES 405/00: *Reciclagem de pavimento a frio in situ com espuma de asfalto*. Brasília: DNIT, 2000. Disponível em: <http://ipr.dnit.gov.br/>.

DNIT – DEPARTAMENTO NACIONAL DE INFRAESTRUTURA DE TRANSPORTES. ES 032/2005: *Areia asfalto a quente. Brasília*: DNIT, 2005. Disponível em: <http://ipr.dnit.gov.br/>.

DNIT – DEPARTAMENTO NACIONAL DE INFRAESTRUTURA DE TRANSPORTES. ES 033/2005: *Concreto asfáltico reciclado a quente na usina*. Brasília: DNIT, 2005. Disponível em: <http://ipr.dnit.gov.br/>.

DNIT – DEPARTAMENTO NACIONAL DE INFRAESTRUTURA DE TRANSPORTES. ES 034/2005: *Concreto asfáltico reciclado a quente no local*. Brasília: DNIT, 2005. Disponível em: <http://ipr.dnit.gov.br/>.

DNIT – DEPARTAMENTO NACIONAL DE INFRAESTRUTURA DE TRANSPORTES. ES 035/2005: *Microrrevestimento asfáltico a frio com emulsão modificada por polímero*. Brasília: DNIT, 2005. Disponível em: <http://ipr.dnit.gov.br/>.

DNIT – DEPARTAMENTO NACIONAL DE INFRAESTRUTURA DE TRANSPORTES. ES T 031/2006: *Concreto asfáltico*. Brasília: DNIT, 2006. Disponível em: <http://ipr.dnit.gov.br/>.

DNIT – DEPARTAMENTO NACIONAL DE INFRAESTRUTURA DE TRANSPORTES. ES 112/2009: *Pavimentos flexíveis* - Concreto asfáltico com asfalto-borracha, via úmida, do tipo "Terminal Blending". Brasília: DNIT, 2009. Disponível em: <http://ipr.dnit.gov.br/>.

FEDERAL HIGHWAY ADMINISTRATION – FHWA. *Superpave Mixture Design Guide*, USA, 2001.

KANDAL, P. S. *Moisture Susceptibility of HMA Mixes*: Identification of Problem and Recommended Solutions. In: NCAT Report 92-1, National Center for Asphalt Technology, Auburn University, USA, 1992.

OGURTSOVA, J.; BIRMAN, S.; COELHO, V. Departamento de Estradas de Rodagem do Paraná. *Concreto Asfáltico*. Boletim Técnico n. 08. 1999.

PINTO, S. Instituto Militar de Engenharia. *Materiais Pétreos e Concreto Asfáltico*: Conceituação e Dosagem, 2006.

READ J.; WHITEOAK D. *The Shell Bitumen Handbook*. 5. ed. UK, 2003.

Anexos
exemplos de planilhas de ensaios

Nome______________________________ Data___/___/___
Objetivos: A obtenção da distribuição granulométrica de agregados. Tanto a quantidade como também as aberturas das peneiras é função do tipo de faixa granulométrica especificada.

Agregado Análise granulométrica
Procedimento de ensaio – DNER-ME 083/98

Tabela MASSA DA AMOSTRA DE AGREGADO PARA ENSAIO DE GRANULOMETRIA

Massa da amostra para ensaio φmáx (DNER-ME 083/98)		
Agregado	**máx. (mm)**	**Massa mínima (g)**
Miúdo	4,8	1.000
Graúdo	9,5	5.000
	19	7.000
	25	10.000

A determinação de análise granulométrica deverá ser feita via úmida (por lavagem – método adaptado)

1º passo Obter a amostra a ser analisada por quarteamento, considerando a tabela acima para quantidade de amostra. Secar a amostra em estufa (105 a 110) °C até constância de peso e medir a massa inicial. Mi =________g;

2º passo Lavar a massa de amostra Mi sob a peneira nº 200 (0,075 mm de abertura), utilizar a peneira nº 40 (0,42 mm de abertura) para proteger a peneira nº 200 contra excesso de peso sobre a malha;

3º passo Secar a amostra lavada em estufa (105 a 110) °C até constância de peso e medir a massa seca lavada, ML = ________g;

4º passo Retirar da estufa, deixar esfriar ao ar. Preparar o conjunto de peneiras de acordo com faixa especificada para ensaio, agrupando as peneiras de acordo com suas dimensões da maior a menor, fundo e tampa. Colocar a massa ML sobre a peneira superior do conjunto de peneiras e, agitar o conjunto (caso de peneiramento manual) ou acionar o equipamento (caso peneiramento mecânico), evitando-se a formação de camada espessa;

5º passo Proceder com a agitação das peneiras até que não mais que 1% da massa total da amostra passe em qualquer uma das peneiras;

6º passo Medir a massa acumulada de cada peneira, inclusive o fundo e proceder com os cálculos;

Resultados de ensaios

<table>
<tr><th colspan="8">Planilha para granulometria</th></tr>
<tr><td colspan="2">Procedência:</td><td colspan="6"></td></tr>
<tr><td colspan="2">Nome:</td><td colspan="3"></td><td>Data:</td><td colspan="2"></td></tr>
<tr><td rowspan="3">ASTM</td><td rowspan="3">mm</td><td colspan="2">Peso amostra seca (PA):</td><td></td><td colspan="3">Faixa de especificação</td></tr>
<tr><td colspan="2">Material (tipo):</td><td></td><td>FX:</td><td colspan="2"></td></tr>
<tr><td>PR. retido (g)</td><td>PP. passando (g)</td><td>% P. passando</td><td>Limite mín.</td><td>Limite máx.</td><td>Tolerância</td></tr>
<tr><td>2"</td><td>50,8</td><td></td><td></td><td></td><td></td><td></td><td></td></tr>
<tr><td>1 1/2"</td><td>38,1</td><td></td><td></td><td></td><td></td><td></td><td></td></tr>
<tr><td>1"</td><td>25,4</td><td></td><td></td><td></td><td></td><td></td><td></td></tr>
<tr><td>3/4"</td><td>19,1</td><td></td><td></td><td></td><td></td><td></td><td></td></tr>
<tr><td>1/2"</td><td>12,7</td><td></td><td></td><td></td><td></td><td></td><td></td></tr>
<tr><td>3/8"</td><td>9,52</td><td></td><td></td><td></td><td></td><td></td><td></td></tr>
<tr><td>1/4"</td><td>6,35</td><td></td><td></td><td></td><td></td><td></td><td></td></tr>
<tr><td>nº 04</td><td>4,76</td><td></td><td></td><td></td><td></td><td></td><td></td></tr>
<tr><td>nº 08</td><td>2,38</td><td></td><td></td><td></td><td></td><td></td><td></td></tr>
<tr><td>nº 10</td><td>2</td><td></td><td></td><td></td><td></td><td></td><td></td></tr>
<tr><td>nº 16</td><td>1,19</td><td></td><td></td><td></td><td></td><td></td><td></td></tr>
<tr><td>nº 30</td><td>0,59</td><td></td><td></td><td></td><td></td><td></td><td></td></tr>
<tr><td>nº 40</td><td>0,42</td><td></td><td></td><td></td><td></td><td></td><td></td></tr>
<tr><td>nº 50</td><td>0,3</td><td></td><td></td><td></td><td></td><td></td><td></td></tr>
<tr><td>nº 80</td><td>0,18</td><td></td><td></td><td></td><td></td><td></td><td></td></tr>
<tr><td>nº 100</td><td>0,15</td><td></td><td></td><td></td><td></td><td></td><td></td></tr>
<tr><td>nº 200</td><td>0,074</td><td></td><td></td><td></td><td></td><td></td><td></td></tr>
<tr><td colspan="2">Fundo</td><td></td><td></td><td></td><td colspan="3"></td></tr>
<tr><th colspan="8">Cálculos</th></tr>
<tr><td colspan="3">PR. peso retido</td><td colspan="2">PP. peso passando</td><td colspan="3">% P. % passando</td></tr>
<tr><td colspan="3">PR = anotar</td><td colspan="2">PP = PA - PR</td><td colspan="3">% P = PP/PA x 100</td></tr>
</table>

Planilha para granulometria							
Procedência:							
Nome:					**Data:**		
ASTM	**mm**	**Peso amostra seca (PA):**			**Faixa de especificação**		
		Material (tipo):			**FX:**		
		PR. retido (g)	**PP. passando (g)**	**% P. passando**	**Limite mín.**	**Limite máx.**	**Tolerância**
2"	50,8						
1 1/2"	38,1						
1"	25,4						
3/4"	19,1						
1/2"	12,7						
3/8"	9,52						
1/4"	6,35						
nº 04	4,76						
nº 08	2,38						
nº 10	2						
nº 16	1,19						
nº 30	0,59						
nº 40	0,42						
nº 50	0,3						
nº 80	0,18						
nº 100	0,15						
nº 200	0,074						
Fundo							
Cálculos							
PR. peso retido			**PP. peso passando**		**% P. % passando**		
PR = anotar			**PP = PA - PR**		**% P = PP/PA x 100**		

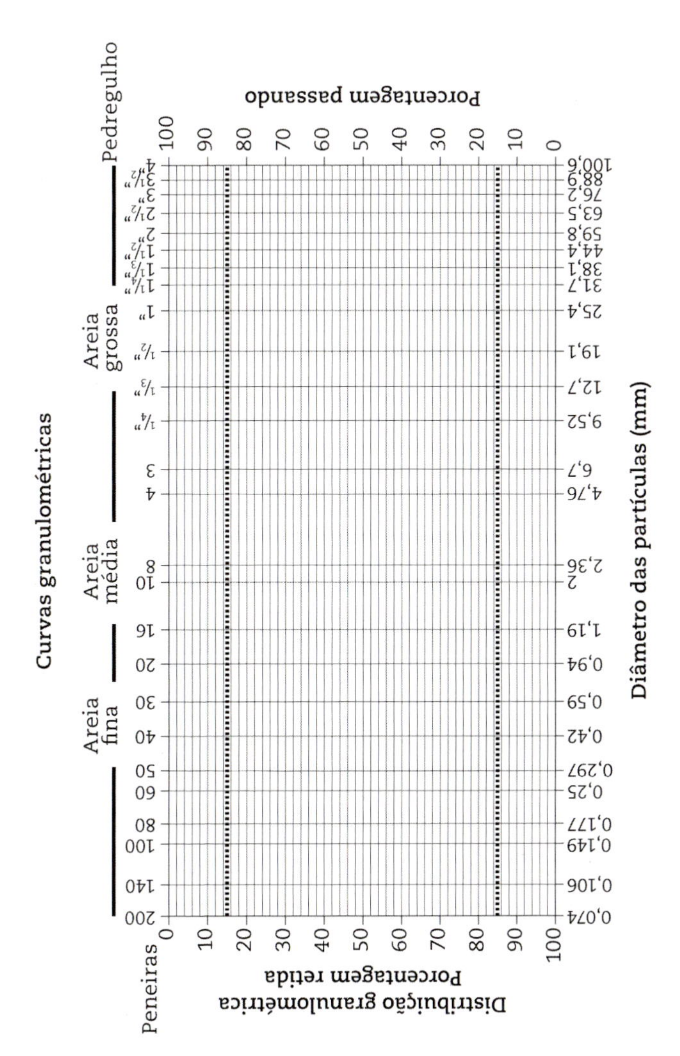

Nota

1. A Σ massa de todas as peneiras não deve diferir de mais de 0,3% da massa ML.
2. A norma DNER ME 083/98 especifica o procedimento de peneiramento de agregados para concreto.

Observações

Nome______________________________________ Data__/__/__

Objetivos: determinação da absorção e massa específica real e aparente de agregados graúdos.

O DNIT recomenda que se utilize a média das massas específicas real e aparente, para a composição da massa específica máxima teórica das misturas asfálticas.

Agregado graúdo – Determinação da absorção, massa específica real e aparente

Procedimento de ensaio – DNER-ME 195/97 e ABNT NBR 6458/94*

Tabela Massa da amostra de agregado para ensaio de absorção de massa específica real e aparente em função do diâmetro máximo do agregado

Massa da amostra para ensaio φ máx. (DNER-ME 195/97)	
φ máx.	**Massa mínima (g)**
38	5.000
25	4.000
19	3.000
12,5 (ou menor)	2.000

A determinação de análise granulométrica deverá ser feita via úmida (por lavagem – método adaptado)

1º passo Lavar a massa de amostra, sob a peneira nº 4 (4,76 mm de abertura) e secar em estufa (105 a 110) °C até constância de peso;

2º passo Imergir a amostra em água destilada por 24 ± 4 horas;

3º passo Medir a massa da amostra totalmente imersa em água destilada (pesagem hidrostática), medir a temperatura do banho com precisão de 0,1°C, C = __________g

4º passo Enxugar a amostra com pano absorvente de modo a se obter uma superfície seca evitando-se a evaporação da água contida nos poros, medir a massa da amostra com superfície seca saturada: B = ____________g;

5º passo Secar a amostra em estufa (105 a 110) °C por 3 horas e medir a massa seca: A = ____________g;

Nota

1. O termo massa específica, por facilidade, está sendo utilizado em substituição ao termo "densidade". Densidade é adimensional, visto que, é relativa à massa específica da água (g/cm^3).
2. A norma DNER ME 083/98 especifica o procedimento de peneiramento de agregados para concreto.

Resultados de ensaios

Absorção (%)	Fórmula	Resultado	Absorção (%)
	$ABS = \frac{(B-A)}{A} \cdot 100$	$ABS = \frac{\quad}{\quad} \cdot 100$	

Massa específica real (γr)	Fórmula	Resultado	Resultado (%)
	$\gamma_r = \frac{A}{(A-C)}$	$\gamma_r =$ ______	

Massa específica aparente (γa)	Fórmula	Resultado	Resultado (%)
	$\gamma_a = \frac{A}{(B-C)}$	$\gamma_a =$ ______	

Observações

____

____

____

(*) A norma ABNT NBR 9917 descreve os procedimentos de ensaio de absorção e massa específica de agregado graúdo, visando a aplicação para concreto.

Nome_______________________________________ Data___/___/___

Objetivo: determinação da massa específica de agregado miúdo. Utiliza-se esse valor na composição da massa específica teórica máxima da mistura asfáltica.

Massa específica de agregado miúdo

Procedimento de ensaio – DNER-ME 084/95

1º Passo Separar cerca de 1.000 g da amostra do material compreendido entre as peneiras nº 4 (4,76 mm de abertura) e nº 200 (0,075 mm de abertura) e secar em estufa (105 a 110)°C até constância de peso;

2º Passo Medir a massa dos picnômetros de 500 ml + tampa, seco e limpo, A1 = _______ g e A2 = _______g;

3º Passo Colocar parte da amostra do material (cerca de 200 g), cuidadosamente, em cada picnômetro e medir a massa dos picnômetros + tampas + amostras; B1 = _______g e B2 = _______g;

4º Passo Adicionar água destilada ou deionizada até o recobrimento de toda a amostra, (sem encher os picnômetros);

5º Passo Aquecer os picnômetros (com as tampas) + água + amostras, por um período de pelo menos 15 min (após a fervura) para expulsar o ar. Durante o aquecimento o picnômetro deverá ser agitado para se evitar o superaquecimento;

6º Passo Deixar esfriar ao ar e, em seguida colocar os picnômetros (com as tampas) + amostra + água em banho a (25 ± 0,5)°C até atingir a temperatura do banho;

7º Passo Completar totalmente o restante dos picnômetros com água destilada ou deionizada (a água deverá estar na mesma temperatura do banho), enxugar a parte externa e medir a massa do conjunto picnômetro + tampa + amostra + água, C1 = ______ g e C2 = ______ g;

8º Passo Retirar todo o material do picnômetro, lavar e completar todo o volume com água destilada ou deionizada (a água deverá estar na mesma temperatura do banho), enxugar a parte externa dos picnômetros e medir a massa do picnômetros + água, D1 =______ g e D1 =______ g.

Nota

1. A diferença máxima admitida entre os dois resultados deve ser inferior a ±0,02 g/cm³, da média.
2. A água utilizada nas medições referentes aos passos 7º e 8º devem necessariamente estar na mesma temperatura

Resultados de ensaios

	Fórmula	Resultado	Média	Massa específica
Massa específica (γ_{ag})	$\gamma_{ag} = \frac{B-A}{(D-A)-(C-B)}$	γ_{ag_1} = ______ γ_{ag_2} = ______	$\gamma_{ag} = \frac{\_\_\_\_\_\_}{2}$	

Observações

____

____

____

____

____

____

____

____

Nome____ Data__/__/__

Objetivo: determinação da massa específica real de material finalmente pulverizado.

Material finalmente pulverizado – Determinação da Massa específica real

Procedimento de ensaio – DNER-ME 085/94 e ABNT NM 23/2001

1º passo Encher o frasco Le Chatelier, com auxílio de um funil de haste longa com querosene, xilol ou nafta (líquidos isentos de água) até o nível compreendido entre 0 e 1 cm^3;

2º passo Secar a parede interna do frasco acima do nível do líquido;

3º passo Colocar o frasco em banho de água com temperatura ambiente capaz de manter a temperatura dentro de limite de variação de ± 0,5°C;

4º passo Registrar a primeira leitura V1 = _________ cm^3 (precisão de 0,1 cm^3);

5º passo Tomar cerca de 60 g de material e adicionar gradativamente no frasco com auxílio de um funil de haste curta, evitando-se a aderência do material na parede interna do frasco e registrar a massa de material adicionado M = _________ g;

6º passo Efetuar a segunda leitura V2 = _________ cm^3 (precisão de 0,1 cm^3);

7º passo Tampar o frasco e agitá-lo levemente inclinado ou suavemente em círculos horizontais, até que não subam mais borbulhas de ar na superfície do líquido.

Nota

1. Recomenda-se o uso do querosene;
2. A adição da massa do material no frasco deve ser realizada sobre uma balança (sensibilidade 0,01 g) de maneira a registrar a massa, conforme o material é adicionado ao frasco. A quantidade de material deve ser tal que o deslocamento do nível do líquido situe-se entre 18 e 24 cm^3. Recomenda-se que o frasco Le Chatelier seja aferido a temperatura de (20 ± 0,1) °C

Resultados de ensaios

Determinações	Leitura do volume (cm^3)			Massa (M)	Massa específica g/cm^3	
	V_1	V_2	Volume (V_2 - V_1)	(g)	Parcial	Média
1ª						
2ª						

(*) a diferença entre duas determinações não deve ser superior a 0,01 g/cm^3

Observações

Nome____ Data___/___/___

Objetivo: determinar a quantidade de materiais finos (argila e silte) na fração areia.

Equivalente de areia

Procedimento de ensaio – DNER-ME 054/97

1º passo Separar no mínimo 1 kg do material a ser analisado e passá-lo pela peneira nº 4 (abertura 4,76 mm);

2º passo Umedecer a amostra com água, em quantidade suficiente, de forma que após homogeneizada quando pressionada com a mão, não libere água;

3º passo Sifonar a solução de trabalho para a proveta, até atingir o traço de referência a 10 cm da base;

4º passo Medir uma quantidade de massa úmida da amostra de cerca de 110 g ou uma cápsula padrão do ensaio cheia (não compactar a amostra);

5º passo Com auxílio de um funil adicionar a amostra na proveta com a solução de trabalho;

6º passo Bater no fundo da proveta energicamente de forma a liberar eventual ar ocluso;

7º passo Deixar a proveta + solução de trabalho + amostra em repouso por 10 min;

8º passo Tapar a proveta com uma rolha de borracha e agitá-la vigorosamente, num movimento de vai e vem (cerca de 20 cm), horizontalmente, num total de 90 ciclos em aproximadamente 30 s;

9º passo Retirar a rolha e introduzir o tubo lavador até o fundo da proveta, abrir a vazão da solução de trabalho e agitar com a ponta do tubo lavador a areia de forma a liberar eventual porção de argila contida, tomando-se o cuidado de agitar levemente a proveta;

10° passo Quando o nível de solução de trabalho atingir a segunda marca da proveta (38 cm) suspender lentamente o tubo lavador de forma que o nível mantenha-se constante;

11° passo Atingido a segunda marca (38 cm) interromper a vazão e deixar em repouso a proveta + solução de trabalho + amostra por um período de 20 min sem nenhuma perturbação;

12° passo Após o período acima, efetuar a leitura superior da suspensão argilosa com uma régua (a leitura com precisão de 2 mm): L1 argila ______ mm;

13° passo Introduzir o pistão cuidadosamente na proveta até assentar a base sobre a areia, girando a haste ligeiramente (sem forçá-la para baixo) de forma que os pinos laterais da base apareçam;

14° passo Ajustar o disco móvel na boca da proveta fixando-o à haste por um parafuso;

15° passo Determinar a altura entre a base da proveta e o pino lateral da base do pistão (leitura da areia): L1 areia ______ mm.

Nota

1. O resultado de ensaio é a média aritmética de três determinações expresso em %.
2. Após a adição da solução de trabalho qualquer perturbação na proveta, o ensaio deve ser descartado.

	Fórmula	Determinações	Média	Equivalente Areia
EA	$EA = \frac{L_{areia}}{L_{argila}} \cdot 100$	$EA_1 = \frac{\quad}{\quad} \cdot 100$	$EA = \frac{\quad}{3}$	
		$EA_2 = \frac{\quad}{\quad} \cdot 100$		
		$EA_3 = \frac{\quad}{\quad} \cdot 100$		

Observações

Nome____ Data___/___/___

Objetivo: Verificar o poder de aderência do ligante asfáltico, com e sem adição de promotor de adesão, quando aplicados sobre agregados graúdos.

Adesividade de ligante asfáltico – agregado graúdo

Procedimento de ensaio – DNER-ME 078/94

1º passo A amostra de agregado a ser ensaiada deve passar na # ¾" (19,1 mm de abertura) e ficar retida na # ½"(12,5 mm de abertura);

2º passo Lavar a amostra e colocá-la em um béquer imersa em água destilada durante 1 min;

3º passo Escorrer a amostra e levá-la a estufa a 120° C por 2 h;

4º passo Pesar uma porção de (500± 1) g após ter sido retirada da estufa;

5º passo Aquecer a amostra de agregado conforme o tipo de ligante asfáltico utilizado:
ligante asfáltico – 100°C
asfalto diluído de petróleo –ADP – 60°C

6º passo Aquecer o tipo de ligante asfáltico conforme temperaturas:
ligante asfáltico – 120°C
ADP – 100°C
emulsão asfáltica – temperatura ambiente

7º passo Adicionar sobre a amostra de agregado (17,5± 0,5) g de ligante asfáltico; o agregado e o ligante asfáltico devem estar aquecidos nas respectivas temperaturas conforme mencionado acima.

8º passo Revolver a amostra de maneira que o ligante asfáltico recubra totalmente a superfície dos agregados;

9º passo Colocar a amostra recoberta pelo ligante asfáltico sobre uma placa de vidro ou um papel siliconado e deixar esfriar, caso seja emulsão, deixar até ruptura;

10° passo Transferir a mistura para um béquer de 250 ml e adicionar água destilada até o total recobrimento da amostra;

11° passo Levar o béquer com a amostra em estufa a 40°C por 72 h;

12° passo Ao fim de 72 h, analisar visualmente a amostra; o resultado será considerado satisfatório se não houver nenhum deslocamento da película de ligante asfáltico da superfície do agregado e insatisfatório caso apresente algum deslocamento de película.

Nota

1. Após conclusão do ensaio é feita imediatamente a retirada do béquer da estufa.

Resultados de ensaios

Adesividade	Satisfatória ( )	Insatisfatória ( )

Observações

___

___

___

___

___

___

___

___

___

___

Nome_________________________________ Data___/___/___

Objetivo: determinar a consistência do ligante asfáltico a 25°C.
O ensaio é utilizado para a classificação de ligante asfáltico convencional (CAP 30/45 e 50/70)

Penetração de ligante asfáltico

Procedimento de ensaio – NBR 6576/07 e DNER ME 003/99

1° passo Aquecer a amostra de ligante asfáltico em estufa à temperatura de capaz de torná-lo fluido até no máximo 90°C acima da temperatura do ponto de amolecimento. Caso seja aquecido em fogareiro ou outro dispositivo a não ser estufa não aquecer por mais de 30 min;

2° passo Verificar o tipo de ligante a ser analisado, para assim determinar o tamanho da cápsula, tipo de agulha, peso do conjunto e tempo de ensaio. Ex.: CAP 50/70: cápsula com diâmetro de 55 mm, altura 35 mm; agulha 45 mm comp.; peso 100 g (50 g haste e agulha + 50 g peso avulso) tempo 5 s.

3° passo Homogeneizar o ligante asfáltico e verter o mesmo na cápsula de ensaio, tomando-se o cuidado de não incorporar bolhas de ar;

4° passo Deixar esfriar ao ar por um período de 60 a 90 min;

5° passo Colocar a cápsula com o ligante asfáltico no banho termorregulável com temperatura de 25° ± 1°C por um período de 60 a 90 min;

6° passo Com o auxílio da cuba de transferência, retirar a cápsula do banho e utilizar a água do banho para cobrir a cápsula com amostra, na cuba de transferência.

7° passo Colocar a cuba de transferência com a amostra e a água sobre a base do penetrômetro;

8° passo Zerar o ponteiro do penetrômetro, verificar o nível regulando os pés do penetrômetro, limpar a agulha e secá-la;

9° passo Se o aparelho for automático, configurar o tempo (5 s), para penetração, caso for manual, utilizar um cronômetro;

10° passo Mover verticalmente o aparelho de forma a ajustar a agulha para que a ponta toque a superfície da amostra do ligante asfáltico levemente. Ela pode ser notada olhando abaixo do nível superior da água, a qual refletirá a imagem da agulha por sobre a amostra;

11° passo Travar o aparelho e liberar a agulha por um período de 5 s;

12° passo Movimentar a haste do ponteiro até que que a sua base toque a superfície da haste com a agulha. Medir a distância penetrada pela agulha conforme visualizado na marcação do ponteiro e anotar o valor com precisão de 0,1 mm;

13° passo Repetir os passos 8 a 10 mais duas vezes em locais equidistantes de 10 mm da borda da cápsula, o resultado é dado pela média das 3 leituras sendo que elas não podem variar mais que 3 mm entre uma e outra;

Nota

1. A cada determinação a agulha deve ser limpa de eventuais resíduos de ligante asfáltico da medição anterior.

Resultados de ensaios

	Fórmula	Resultados	Média	Penetração
PEN	$PEN = \frac{P_1 + P_2 + P_3}{3}$	P_1 =	$PEN = \frac{\quad}{3}$	PEN
		P_2 =		
		P_3 =		

Observações

___

___

Nome______________________________________ Data__/__/__

Objetivo: determinação do ponto de amolecimento de materiais betuminosos.

Os materiais betuminosos são denominados de termoplásticos, pelo fato de seu estado ser determinado pela temperatura.

O ponto de amolecimento é a temperatura determinada em que o material betuminoso passa a tornar-se fluido.

Ponto de amolecimento de material betuminoso – Método do anel e bola

Procedimento de ensaio – DNER ME 078/94 e ABNT NBR 6560/2008

1º passo Aquecer a amostra de ligante asfáltico em estufa à temperatura de, no máximo, 90°C acima da temperatura do ponto de amolecimento esperado;

2º passo Utilizar uma placa de alumínio ou outro metal com tamanho mínimo de 5 x 5 cm para colocar os anéis. Untar esta placa com talco e colocar os anéis sobre a mesma.

3º passo Preencher com o ligante asfáltico os dois anéis (previamente aquecidos), com excesso;

4º passo Deixar esfriar por um período de, no mínimo, 30 min;

5º passo Rasar com uma espátula levemente aquecida o excesso de ligante asfáltico acima da borda superior dos anéis; após resfriamento limpar as laterais e a parte inferior dos anéis, caso tenha material betuminoso nas mesmas. Para este, pode-se utilizar uma faca ou espátula lisa, sem precisar aquecer;

6º passo Colocar os anéis preenchidos e já preparados nas bases guias sem as esferas de aço;

7º passo Colocar os conjuntos, anéis preenchidos com ligante asfáltico e bases guias, no suporte. Colocar água destilada/deionizada no béquer até a altura de 10 cm. Imergir o suporte com a amostra, as guias e as esferas dentro do béquer, porém, as esferas não devem ficar sobre os anéis. Levar o conjunto ao banho térmico com temperatura de 5°C durante 15 min;

8° passo Com auxílio de uma pinça, colocar as esferas sobre os (anéis/guias) com a amostra de ligante asfáltico e inserir o termômetro entre as duas amostras de modo que seu bulbo fique posicionado no mesmo nível da parte inferior dos anéis;

9° passo Levar o conjunto a uma fonte de calor capaz de aquecer o banho a uma razão de 5°C/min;

10° passo Registrar a temperatura em que as esferas envolvidas pelo ligante asfáltico tocam a base inferior da haste do suporte.

Nota

1. A diferença máxima admitida entre os dois resultados deve ser inferior a ±0,02 g/cm³, da média.
2. A água utilizada nas medições referentes aos passos 7° e 8° devem, necessariamente, estar na mesma temperatura

Cálculos

	Fórmula	Resultado de ensaio	Média	Ponto de amolecimento
PA	$PA = \frac{T_1 + T_2}{2}$	$T_1 =$	$PA = \frac{\quad}{2}$	
		$T_2 =$		

Observações

____

Nome____ Data___/___/___
Objetivo: determinar as temperaturas do ligante asfáltico convencional (CAP 30/45 e 50/70) para usinagem e compactação de misturas asfálticas.

Viscosidade Saybolt-Furol de ligante asfáltico

Procedimento de ensaio – NBR 14950/03

1º passo Ajustar a temperatura do banho do viscosímetro para a primeira medição, comparando a temperatura lida no viscosímetro com a temperatura lida em um termômetro instalado ao lado do sensor de temperatura do viscosímetro;

2º passo Aquecer a amostra de ligante asfáltico em estufa à temperatura de 10°C a 15°C acima da temperatura de ensaio;

3º passo Tampar o orifício (furol) do viscosímetro com uma rolha;

4º passo Verter o ligante asfáltico dentro do tubo de diâmetro menor até transbordar para a seção maior do recipiente do viscosímetro;

5º passo Colocar o suporte do termômetro sobre a galeria do tubo do viscosímetro já com a amostra. Inserir o termômetro através do suporte e homogeneizar a amostra até atingir a temperatura de ensaio. Aguardar a estabilização da temperatura;

6º passo Depois de estabilizada a temperatura do banho, posicionar o frasco de 60 ml sob o orifício e retirar a rolha e acionar o cronômetro simultaneamente;

7º passo Registrar o tempo transcorrido para o preenchimento de 60 ml (graduação gravada no frasco) e a temperatura do banho.

Nota

1. Temperatura de usinagem é a correspondente a viscosidade do ligante asfáltico entre 75 e 150 SSF, sendo a faixa de viscosidade de 75 a 95 SSF preferencialmente.
2. Temperatura de compactação é a mais elevada que a mistura asfáltica possa suportar. Determinar experimentalmente para cada caso.

Registro de dados de ensaio

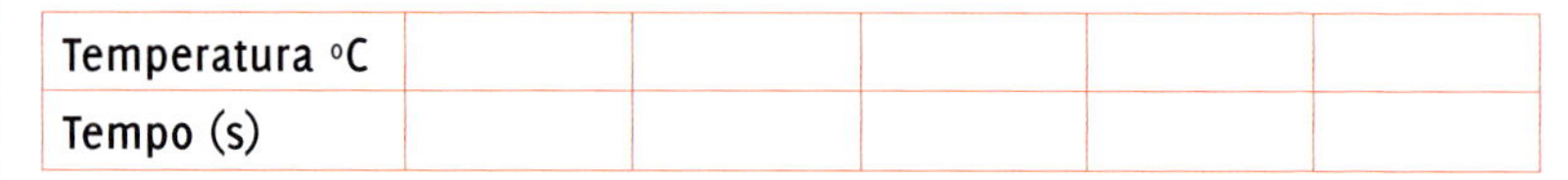

Temperatura °C					
Tempo (s)					

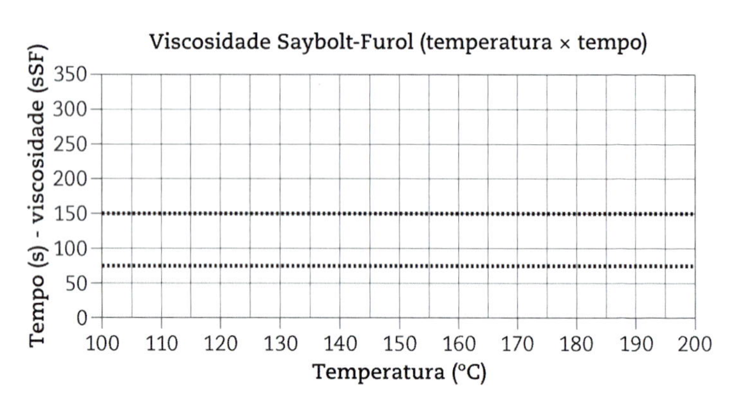

Temp. usinagem: ________°C	Temp. compactação: ________°C

Observações

____

____

____

____

____

____

____

____

____

Nome________________________________ Data__/__/__

Objetivo: determinação das características elásticas dos materiais betuminosos modificados com o emprego do ductilômetro.

Recuperação elástica de materiais betuminosos pelo ductilômetro

Procedimento de ensaio – ABNT NBR 15086/2006

A – Preparo do corpo de prova

1º passo Aquecer a amostra de ligante asfáltico (em estufa) a uma temperatura suficiente para torná-la fluida, tomando precaução para não ultrapassar 90°C acima do seu ponto de amolecimento. Caso o aquecimento seja feito em fogareiro ou outro dispositivo que não seja estufa, este não deve ser aquecido em um tempo maior que 30 min;

2º passo Montar os moldes (3 moldes por ensaio) sobre as placas de bronze previamente untadas com uma mistura de glicerina e talco;

3º passo Untar as paredes das seções dos moldes que ficarão em contato com o ligante asfáltico e montá-los sobre a placa de bronze;

4º passo Homogeneizar bem a amostra verter o ligante asfáltico vagarosamente no molde de maneira a preenchê-lo totalmente com um leve excesso;

5º passo Deixar esfriar ao ar por (30 ± 5) min e em seguida colocá-lo no banho a temperatura de (25 ± 0,5)°C. Deixar no banho por um período de (30 ± 5) min;

6º passo Retirar o molde + ligante asfáltico do banho e rasar a superfície excedente de ligante asfáltico com uma espátula levemente aquecida;

7º passo Colocar o molde + ligante asfáltico novamente no banho a temperatura de (25 ± 0,5)°C por um período de (90 ± 0,5) min;

B – Ensaio

1º passo Remover os moldes com os corpos de prova do banho;

2º passo Remover as laterais do molde, desapertando o parafuso fixador e retirar os moldes da base;

3º passo Encaixar os moldes nos pinos de tração da máquina (ductilômetro) com seta do mecanismo de tração posicionada na marca zero da escala da régua;

4º passo Acionar a máquina a uma velocidade de tração de 5 cm/min ± 5%;

5º passo Tracionar a amostra até (20 ± 0,5) cm, se o ligante asfáltico for asfalto polímero ou (10 ± 0,5) cm para o asfalto-borracha, e desligar a máquina. Imediatamente, com uma tesoura, cortar no ponto médio da amostra alongada. Registrar a posição inicial.

6º passo E1 = ______ cm , E2 = ______ cm e E3 = _______ cm

7º passo Após 60 min retornar o carrinho de tração de forma que as pontas da amostra se toquem e medir a distância retornada X1 = ______ cm, X2 = ______ cm e X3 = ______ cm

Nota

1. Quando não é especificada a temperatura do banho no ensaio, utiliza-se (25 ± 0,5)°C;
2. Corrigir a densidade do banho em função da densidade do ligante asfáltico, para baixar a densidade utiliza-se álcool etílico e cloreto de sódio (sal) para aumentar a densidade;
3. Desconsiderar a amostra que romper durante o tracionamento, caso ocorram rupturas nas três provas durante o tracionamento, registrar que a recuperação elástica, para a amostra em questão, não pode ser obtida sob as condições de ensaio.

Resultado de ensaio:

Recuperação (%)	Fórmula	Valores individuais			Recuperação média (%)
	$REC=\frac{E-X}{E}\cdot 100$	$REC_1 = \frac{}{}\cdot 100$	$REC_2 = \frac{}{}\cdot 100$	$REC_3 = \frac{}{}\cdot 100$	
		$REC_1 =$	$REC_2 =$	$REC_3 =$	

Observações

Nome____ Data___/___/___

Objetivo: determinação da massa específica aparente de corpos de prova tipo Marshall.

Relacionando esse valor com a massa específica máxima teórica, obtém-se o volume de vazios de misturas asfálticas compactadas.

Massa específica aparente de corpos de prova tipo Marshall de misturas asfálticas

Procedimento de ensaio – ABNT NBR 15573/2008

Procedimento A – Para corpos de prova com volume de vazio de até 7%

1º passo Medir a massa do corpo de prova ao ar obtendo o valor de Par = ____________ g;

2º passo Medir a massa do corpo de prova imerso em água (pesagem hidrostática) à temperatura ambiente, obtendo o valor de Pi = ____________ g;

3º passo Medir a temperatura da água da pesagem hidrostática. Temperatura = ____ °C.

Procedimento B – Para corpos de prova com volume de vazio de até (7 a 10)%

1º passo Medir a massa do corpo de prova ao ar obtendo o valor de Par = ____________ g;

2º passo Aplicar parafina fluidificada em toda a superfície do corpo de prova de maneira a torná-lo impermeável;

3º passo Medir a massa ao ar do corpo de prova parafinado, obtendo o valor de Pp = ____________ g;

4º passo Medir a massa do corpo de prova parafinado imerso em água (pesagem hidrostática) à temperatura ambiente, obtendo o valor de Ppi = ____________ g;

5º passo Medir a temperatura da água da pesagem hidrostática. Temperatura = ____ °C.

Procedimento C – Para corpos de prova com volume de vazios superior a 10%

1º passo Medir a massa do corpo de prova ao ar obtendo o valor de Par = ____________ g;

2º passo Aplicar uma camada e fita adesiva em toda a superfície do corpo de prova;

3º passo Medir a massa do corpo de prova envolvido pela fita adesiva, obtendo o valor de Pf = _______ g;

4º passo Obter a massa de fita adesiva, P2 pela diferença entre Pf e Par, (P2 = Pf – Par = ____________g);

5º passo Aplicar parafina fluidificada em toda a superfície do corpo de prova de maneira a torná-lo impermeável;

6º passo Medir a massa ao ar do corpo de prova + fita adesiva + parafina, obtendo o valor de P3=______ g,

7º passo Medir a massa do corpo de prova parafinado imerso em água (pesagem hidrostática) à temperatura ambiente, obtendo o valor de P4 = _________ g,

8º passo Medir a temperatura da água da pesagem hidrostática. Temperatura = ____ °C.

Nota

1. Determinar a densidade da fita adesiva com emprego do frasco de Le Chatelier. Pode-se adotar o valor de 0,97 g/cm³ para a massa específica aparente da fita adesiva e 0,89 g/cm³ a massa específica aparente da parafina.
2. Resultados obtidos com dois ou mais corpos de prova da mesma mistura, que diferirem mais do que 0,02, devem ser descartados.
3. Para a obtenção da massa específica aparente em (g/cm³), deve-se multiplicar o valor encontrado pela massa específica da água, (folha 2); com método de ensaio DNER ME 117/94 obtém-se a densidade aparente, pois esse método não recomenda o emprego da massa específica da água.

Resultado de ensaio:

Massa específica aparente (Gmb)	Volume de vazios até 7%	Volume de vazios (7 a 10)%	Volume de vazios acima de 10%
	$Gmb = \frac{Par}{Par - Pi}$	$Gmb = \frac{Par}{Pp - Ppi - \frac{Pp - Par}{dp}}$	$Gmb = \frac{Par}{P3 - P4 - \frac{P2}{df} - \frac{P3 - P1}{dp}}$
	Gmb=——— g/cm³	Gmb=——— g/cm³	Gmb=——— g/cm³

Observações

Massa específica aparente de corpos de prova tipo Marshall de misturas asfálticas

°C	0,0	0,1	0,2	0,3	0,4	0,5	0,6	0,7	0,8	0,9
0	0,9999	0,9999	0,9999	0,9999	0,9999	0,9999	0,9999	0,9999	0,9999	0,9999
1	0,9999	0,9999	0,9999	0,9999	0,9999	0,9999	1	1	1	1
2	1	1	1	1	1	1	1	1	1	1
3	1	1	1	1	1	1	1	1	1	1
4	1	1	1	1	1	1	1	1	1	1
5	1	1	1	1	1	1	1	1	1	1
6	1	1	1	1	1	1	0,9999	0,9999	0,9999	0,9999
7	0,9999	0,9999	0,9999	0,9999	0,9999	0,9999	0,9999	0,9999	0,9999	0,9999
8	0,9999	0,9999	0,9999	0,9999	0,9999	0,9998	0,9998	0,9998	0,9998	0,9998
9	0,9998	0,9998	0,9998	0,9998	0,9998	0,9998	0,9998	0,9998	0,9997	0,9997
10	0,9997	0,9997	0,9997	0,9997	0,9997	0,9997	0,9997	0,9997	0,9997	0,9996
11	0,9996	0,9996	0,9996	0,9996	0,9996	0,9996	0,9996	0,9996	0,9995	0,9995
12	0,9995	0,9995	0,9995	0,9995	0,9995	0,9995	0,9995	0,9995	0,9994	0,9994
13	0,9994	0,9994	0,9994	0,9994	0,9994	0,9993	0,9993	0,9993	0,9993	0,9993
14	0,9993	0,9993	0,9992	0,9992	0,9992	0,9992	0,9992	0,9992	0,9992	0,9991
15	0,9991	0,9991	0,9991	0,9991	0,9991	0,9990	0,9990	0,9990	0,9990	0,9990
16	0,9990	0,9990	0,9989	0,9989	0,9989	0,9989	0,9989	0,9989	0,9988	0,9988
17	0,9988	0,9988	0,9988	0,9987	0,9987	0,9987	0,9987	0,9987	0,9987	0,9986
18	0,9986	0,9986	0,9986	0,9986	0,9985	0,9985	0,9985	0,9985	0,9985	0,9985
19	0,9984	0,9984	0,9984	0,9984	0,9984	0,9983	0,9983	0,9983	0,9983	0,9983
20	0,9982	0,9982	0,9982	0,9982	0,9981	0,9981	0,9981	0,9981	0,9981	0,9980
21	0,9980	0,9980	0,9980	0,9980	0,9979	0,9979	0,9979	0,9979	0,9978	0,9978
22	0,9978	0,9978	0,9978	0,9977	0,9977	0,9977	0,9977	0,9976	0,9976	0,9976
23	0,9976	0,9975	0,9975	0,9975	0,9975	0,9974	0,9974	0,9974	0,9974	0,9974
24	0,9973	0,9973	0,9973	0,9973	0,9972	0,9972	0,9972	0,9972	0,9971	0,9971
25	0,9971	0,9970	0,9970	0,9970	0,9970	0,9969	0,9969	0,9969	0,9969	0,9968
26	0,9968	0,9968	0,9968	0,9967	0,9967	0,9967	0,9967	0,9966	0,9966	0,9966
27	0,9965	0,9965	0,9965	0,9965	0,9964	0,9964	0,9964	0,9963	0,9963	0,9963
28	0,9963	0,9962	0,9962	0,9962	0,9961	0,9961	0,9961	0,9961	0,9960	0,9960
29	0,9960	0,9959	0,9959	0,9959	0,9959	0,9958	0,9958	0,9958	0,9957	0,9957

Observações

Nome____ Data___/___/___

Objetivo: obtenção da massa específica máxima medida. Relacionada com a massa específica aparente obtém-se o volume de vazios de misturas asfálticas compactadas.

Massa específica máxima medida MEMM - RICE

Procedimento de ensaio - NBR 15619/2008

1° passo Medir a massa do kitassato + placa de vidro + mangueira / borracha de vedação, limpo e seco e após, zerar a balança (A)

A = ________

2° passo Cada amostra deverá possuir cerca de 1.500 g. Aquecer a amostra de mistura asfáltica até temperatura possível de destorroar os grumos (cerca de 130 a 150°C) por um período mínimo de 1 hora, seja amostra preparada em laboratório ou coletada da usina.

3° passo Espalhar a amostra em uma bandeja destorroando os grumos com as mãos e deixar ao ar até estabilizar com a temperatura ambiente;

4° passo Após destorroar, verter a amostra sobre o kitassato e medir a massa da amostra. (B)

B= ________

5° passo Adicionar água destilada no kitasato até cobrir totalmente a amostra e agitar vigorosamente;

6° passo Levar o kitassato com a amostra para a mesa orbital e interligá-lo ao sistema de vácuo. Aplicar vácuo de 27 ± 2 mmHg (pressão residual) durante 15 min com o kitassato sob constante agitação na mesa orbital;

7º passo Após este período, vedar a saída lateral superior do kitassato e completar o nível do volume do mesmo. Com a placa de vidro, razar a lâmina de água de modo a evitar o excesso de água e tomar cuidado para não formar bolhas de ar dentro do kitassato. Finalmente, medir a massa: conjunto (kitassato + água + amostra) (C)

8º passo Retirar todo o material do kitassato, lavar e completar o mesmo com água, vedando a saída lateral superior do kitassato e utilizando a placa de vidro sobre o mesmo.

$T°C = (\_\_\_\_\_\_)$ $C = \_\_\_\_\_\_$

Nota

1. Por facilidade, o kitassato deve ser calibrado para uma faixa de temperatura normalmente encontrada no ambiente de trabalho.
2. Quando não se dispõe de kitasato calibrado, a água utilizada nas determinações de A e C deve, necessariamente, estar na mesma temperatura.
3. Para este ensaio necessita-se de uma balança com capacidade mínima de 10 kg.
4. Admite-se o valor de 0,99707 como γH_2O a 25°C para cálculo.

Resultado de ensaio:

	Fórmula	Determinação
MEMM	$MEMM = \frac{B}{A + B - C} \cdot \gamma H_2O$	DMM = ______

Observações

____

____

Nome____ Data__/__/__

Objetivo: determinar a resistência à tração por compressão diametral de corpos de prova de misturas asfálticas tipo Marshal.

Resistência à tração por compreensão diametral de misturas asfálticas

Procedimento de ensaio – ABNT NBR 15087/04 e DNER ME 138/94

1° passo Medir o diâmetro do corpo de prova em 4 posições diametralmente opostas, obtendo como resultado a média destes valores.

D1 = _____ , D2 = _____ D3 = _____ e D4 = _____ mm,
Dm = _____ mm

2° passo Medir a altura do corpo de prova em 4 posições equidistantes. Obtendo como resultado a média destes valores.

H1 = _____ , H2 = _____ H3 = _____ e H4 = _____ mm,
Hm = _____ mm

3° passo Manter os corpos de prova climatizados (banho-maria) em ambiente de (25 ± 0,5)°C, apoiado sobre sua geratriz, por no mínimo 2 horas;

4° passo Posicionar o corpo de prova no dispositivo centralizador, assentando-o no friso metálico inferior. Em seguida, colocar a base móvel superior encostando o friso metálico superior no corpo de prova;

5° passo Colocar o dispositivo centralizador com o corpo de prova na prensa e ajustar o êmbolo da prensa de modo a aplicar uma leve compressão no corpo de prova;

6° passo Aplicar a carga de compressão a uma velocidade de deslocamento de (0,8 ± 0,1) mm/s até a ruptura do corpo de prova e, anotar o valor da carga de ruptura:

Carga = ______.kgf

7º passo Transformar a carga (kgf) em N multiplicando a carga em kgf por 10, obtendo:

F1 = ________, N

Nota

1. Para corpos de prova moldados em laboratório obter o valor de resistência à tração por compressão diametral da média de, no mínimo, 3 corpos de prova.

   Conversão 1 kgf = 10 N.

Cálculos:

Fórmula	Valores individuais			Média	Resultados RT (MPa)
$RT = \frac{2F}{\pi DH}$	$RT_1 = \text{———}$	$RT_2 = \text{———}$	$RT_3 = \text{———}$	$RT = \frac{\text{———}}{3}$	

Observações

____

____

____

____

____

____

____

____

____

____

____

Nome____ Data__/__/__

Objetivo: verificação do dano por umidade induzida (DUI) de misturas asfálticas compactadas.

Dano por umidade induzida - DUI

Procedimento de ensaio - ABNT NBR 15617/2008

A - Moldagem dos corpos de prova

1° passo Determinar a massa específica máxima (Gmm) a 25°C conforme norma ABNT NBR 15619/2008 da mistura asfáltica;

2° passo Moldar um conjunto de 6 corpos de prova tipo Marshall com volume de vazios de (7 ± 1)%;

3° passo Determinar a massa específica aparente a 25°C conforme norma ABNT NBR 15573/2008 (Gmb);

4° passo Medir o volume de vazios (Vv) de cada corpo de prova;

5° passo Medir a altura (A) e o diâmetro (D) em quatro posições equidistantes e medir a massa (P1) de cada corpo de prova;

6° passo Dividir os corpos de prova em dois grupos 1 e 2 com 3 corpos de prova em cada um;

7° passo Determinar a resistência à tração por compressão diametral (RT) dos corpos de prova do grupo 1, conforme norma ABNT NBR 15087/2004 ou DNER ME 138/1994.

B - Saturação dos corpos de prova do grupo 2

1° passo Em um recipiente capaz de suportar aplicação de vácuo e com água destilada suficiente para cobrir os corpos de prova, imergir os 3 corpos de prova do grupo 2;

2° passo Aplicar uma pressão de vácuo de 660 mmHg por um período de 5 a 10 min;

3º passo Manter os corpos de prova imersos por mais um período de 5 a 10 min;

4º passo Retirar os corpos de prova da imersão e com um pano levemente úmido, secar os corpos de prova e medir a massa após saturação (P2),

5º passo Determinar o volume de água absorvido (Va) pelos vazios

6º passo Determinar o grau da saturação (GS), o GS deve estar entre 55% e 80%

C – Condicionamento de baixa severidade

1º passo Submeter os corpos de prova saturados em banho-maria a temperatura de (60 ± 1)°C por um período de 24 horas;

2º passo Remover os corpos de prova do banho-maria e submetê-los a outro banho a temperatura de (25 ± 1)°C por um período de 2 a 3 horas;

3º passo Determinar a resistência à tração por compressão diametral (RTc) dos corpos de prova do grupo 2 (condicionado), conforme norma ABNT NBR 15087/2004 ou DNER ME 138/1994

D – Condicionamento de alta severidade

1º passo Embalar em filme plástico os corpos de prova saturados e colocar em saco plástico com 10 ml de água e lacrar;

2º passo Colocar os 3 corpos de prova em resfriamento (-18 ± 3)°C por um período de 16 horas,

3º passo Remover os corpos de prova do resfriamento e imediatamente colocá-los em banho-maria a temperatura de (60 ± 1)°C por um período de 24 horas. Remover o saco e também o filme plástico assim que possível;

4º passo Remover os corpos de prova do banho-maria e submetê-los a outro banho a temperatura de (25 ± 1)°C por um período de 2 a 3 horas;

5º passo Determinar a resistência à tração por compressão diametral (RTc) dos corpos de prova do grupo 2 (condicionado), conforme norma ABNT NBR 15087/2004 ou DNER ME 138/1994.

Nota

1. A moldagem dos corpos de prova é feita experimentalmente, variando-se o número de golpes e por ventura a massa do corpo de prova.
2. As massas específicas, máxima e aparente devem ser determinadas na mesma temperatura de 25°C.
3. Resistência à tração por compressão diametral (RT e RTc) é a média dos 3 corpos de prova dos grupos 1 e 2 respectivamente.
4. Caso ocorra dificuldade de saturação dos corpos de prova, pode-se adicionar uma gota de detergente à água destilada.

Resultados de ensaio:

Determinação da massa específica máxima (Gmm) 25°C	
Kitasato (n.___) + água (completo) a temperatura do ensaio (A)	A =
Medir a massa a mistura asfáltica 1.200 g (corpo de prova Marshall) ideal 1.500 g (B)	B =
Medir a massa do kitasato + amostra + água (completo) (C)	C =
$Gmm = \frac{B}{A + B - C}$	Gmm =

Determinação da massa específica aparente (Gmb) procedimento com parafina para corpos de prova com volume de vazios entre (7 e 10)% - 25°C							
Corpo de prova (n)		1	2	3	4	5	6
Medir a massa do corpo de prova ao ar (Par)							
Medir a massa do cp parafinado ao ar (Pp)							
Medir a massa imersa do cp parafinado (Ppi)							
$Gmb = \frac{Par}{Pp - Pi - \frac{Pp - Par}{dP}}$	□p = massa específica da parafina = 0,89 g/cm³	**Gmm**					

Determinação do volume de vazios (Vv)						
Corpo de prova (n)	1	2	3	4	5	6
$Vv = 100 \times (1 - \frac{Gmb}{Gmm})$						

Determinação da resistência à tração por compressão diametral - RT					
CP. n.	Média da altura A (mm)	Diâmetro D (mm)	Massas (g)	Carga	RT
			P1	(N)	(MPa)
1					
2					
3					
Média da resistência à tração por compressão diametral (RT)					

Determinação da resistência à tração por compressão diametral RTc								
Cp n.	Média da altura A (mm)	Diâmetro D (mm)	Massas (g)		Absorção	$GS = \frac{Va}{Vv} \cdot 100$	Carga	RT_c
			P1	P2	Va	(%)	(N)	(MPa)
4								
5								
6								
Média da resistência à tração por compressão diametral (RTc)								

$RRT = \frac{RTc}{RT} \cdot 100$ RTT = ―――― ·100 RTT = ―――― MPa

Observações

____

____

____

____

____

____

____

____

Ensaio Marshall – Modelo de ficha de ensaio				
Interessado:	Obra:	Rodovia:		N.
Operador:	Projeto:	Visto:	Data: / /	Visto:

Característica dos materiais:							
Agregado (origem)	Massa específica real da mist. dos agreg.: (Ga.g) (g/cm³)	$Ga.g = \dfrac{1}{\dfrac{\%Ag_1}{\gamma Ag_1} + \dfrac{\%Ag_2}{\gamma Ag_2} + \ldots + \dfrac{\%Ag_n}{\gamma Ag_n}}$	2,904 g/cm³	Ligante asfáltico: CAP-50/70	Massa específica do ligante asfáltico (Gc.a)	1,020	g/cm³
Basáltica							
				Constante do anel dinanométrico (cte) 2,720			

Parâmetros volumétricos																		
Cp n.	Ligante asfáltico	Massa: Ao ar	Massa: Imersa	Volume	Densidade: Aparente	Densidade: Volume teórico (Vt)	Densidade: Máxima teórica	Volume de vazio (Vv)	V. C. B. Vazios cheio de betume	V. A. M. Vazios do agr. mineral	R. B. V. Relação betume vazios	Altura	F. C.	Leitura lida	Estabilidade: Obtida	Estabilidade: Corrigida	Fluência: Leitura	
	(%)	(g)	(g)	cm³				(%)	(%)	(%)		(mm)	-	(kgf)			(mm)	(1/100")
A	B	C	D	E	F	G	H	I	J	K	L	N	O	P	Q	R	S	U
-	-	-	-	C - D	C/E	Vt = C - (100 - B)/ Gab + C − B/Gab	C/G	Vv = (H - F)/ H − 10C	VCB = F − B/ G_c − a	VAM = I + J	RBV = J/K − 100	-	FC = 927,23 − $N^{-1,64}$	-	Q = P − cte	Q − 0	-	-
1	4,7	1.208,5	735,4	473,1	2,554	452,28	2,672	4,4	11,7	16,7	72,8	63,1	1,0355	273	743	769	3,50	
2	4,4	1.201,9	730,4	471,5	2,549	449,81	2,672	4,6	11,75	16,35	71,9	62,7	1,0463	264	717	750	3,48	
3	4,7	1.204,4	735,9	468,5	2,571	450,74	2,672	3,8	11,85	15,64	75,8	62,8	1,0436	275	748	781	3,78	
Média					2,558			4,3		16,1	73,5					766,7	3,6	

A metodologia de cálculo dos parâmetros Marshall RBV e VAM seguem a recomendação do DNIT.

Nome_______________________________________ Data___/___/___
Objetivo: determinação do teor de ligante asfáltico em misturas asfálticas.
Utiliza-se esse procedimento, normalmente, para controle tecnológico.

Teor de ligante em misturas asfálticas – método Rotarex

Procedimento de ensaio – DNER ME 053/94

1º passo Manter a mistura asfáltica em estufa (100 a 120)°C por um período de 1 hora;

2º passo Quartear a amostra de mistura asfáltica até se obter uma massa de cerca 1.000 g; a pesagem da amostra deve ser feita dentro do prato do extrator. M1 = ________ g;

3º passo Colocar o prato com a amostra no interior do aparelho. Colocar o papel filtro e a tampa, atarraxando firmemente a mesma;

4º passo Colocar um recipiente vazio com capacidade mínima de 2 litros e de preferência transparente sob o tubo do dreno de escoamento do extrator, para receber todo o betume extraído juntamente com o solvente utilizado para o mesmo;

5º passo Despejar no interior do prato, por meio do orifício superior do equipamento, cerca de 150 ml de solvente;

6º passo Após 15 min de repouso, aciona-se lentamente a velocidade de giro do aparelho e gradativamente vai-se aumentando essa velocidade;

7º passo Quando se esgotar totalmente o solvente + betume, verificado no recipiente, o aparelho deve ser desligado; adiciona-se novamente a mesma quantidade de solvente e em seguida o aparelho é novamente ligado, conforme descrito anteriormente. Essa operação deverá ser repetida quantas vezes forem necessárias até que a coloração do solvente apresente-se clara;

8° passo Esgotada a última carga de solvente, o prato com o agregado após a extração (lavado) e o papel filtro, deverão ser colocados em estufa (80 a 100)°C até constância de peso.

9° passo Determinar a massa de agregado (lavado), M2 = _______ g

Nota

1. Recomenda-se a utilização de Tricloroetileno como solvente de ligante asfáltico. A extração de ligante asfáltico pelo processo do Rotarex deve ser feito em laboratório com sistema de exaustão de vapores ou em ambiente arejado.

Resultados de ensaio:

	Fórmula	Cálculo	Teor (%)
Teor de ligante asfáltico (%)	$TEOR = \frac{M_1 - M_2}{M_1} \cdot 100$	Teor = ———— · 100	

Observações

Nome______________________________________ Data___/___/___

Objetivo: verificar o poder de aderência do ligante asfáltico, com ou sem adição de promotores de adesão, quando aplicado sobre agregados graúdos.

Cimento asfáltico de Petróleo - Determinação expedita da resistência à água (adesividade) sobre agregados graúdos

Procedimento de ensaio - ABNT NBR 14329/2005

1° passo Obter a amostra de agregado do material que passa na peneira de 19 mm e fica retido na de 12,7 mm. Lavar a amostra de agregado e colocá-la em uma caçarola, contendo água destilada, durante 1 min. Drenar a água, transferir a amostra de agregado para a uma bandeja, levar a amostra para a estufa e mantê-la até massa constante.

Nota 1 A temperatura de ensaio da amostra de agregado deve ser de 10°C a 15°C acima da temperatura do cimento asfáltico de petróleo com ou sem adição de promotores de adesão. Entretanto, esta temperatura não deve exceder 177°C.

2° passo Aquecer a amostra de cimento asfáltico de petróleo (aprox. 150°C) com ou sem adição de promotores de adesão na temperatura determinada para cada tipo de ligante e de serviço, obtida em função da relação temperatura-viscosidade.

Nota 2 Nas misturas usinadas a quente, a temperatura conveniente é aquela na qual o asfalto apresenta uma viscosidade situada na faixa de 75 SSF a 150 SSF, indicando-se preferencialmente, a viscosidade de 85 SSF a 95 SSF, conforme especificação DNIT 031. Entretanto, a temperatura do ligante não deve ser inferior a 107°C nem superior a

177°C. Nos serviços por penetração, a temperatura conveniente é aquela na qual o asfalto apresenta uma viscosidade entre 20 SSF e 60 SSF, conforme especificação DNER-ES-309. Entretanto, a temperatura do ligante não deve ser inferior a 107°C nem superior a 177°C.

3º passo Pesar na caçarola 300 g da amostra de agregados previamente preparada (ver passo 1), na temperatura de ensaio.

4º passo. Adicionar a amostra de agregado 10,5 g de cimento asfáltico de petróleo com ou sem adição de promotores de adesão previamente aquecido na temperatura recomendada (ver nota 1 e 2).

5º passo Proceder ao completo envolvimento do agregado pelo cimento asfáltico de petróleo com ou sem adição de promotores de adesão, com o auxílio da espátula. Pode-se utilizar uma fonte de calor para manter a temperatura durante a mistura.

6º passo Transferir a amostra para a placa de vidro ou papel siliconado, para que resfrie até a temperatura ambiente.

7º passo Após o resfriamento transferir a amostra para o cesto de adesividade.

8º passo Adicionar 400 ml de água destilada no béquer 600 ml forma alta e aquecer até a ebulição.

9º passo Imergir o cesto com a amostra de agregado envolvida pelo cimento asfáltico de petróleo, com ou sem adição de promotores de adesão, no béquer contendo água em ebulição e mantê-lo por 3 min após o reinício da ebulição.

10º passo Retirar o cesto contendo a amostra, do béquer e espalhar sobre a placa de vidro ou papel siliconado.

11º passo Proceder à análise visual da amostra. O resultado é considerado satisfatório se amostra de agregado se mantiver recoberta pela película asfáltica.

Resultados de ensaio:

Adesividade	Satisfatória ( )	Insatisfatória ( )

Observações

Nome____ Data___/___/___

Objetivo: determinação da massa específica de materiais betuminosos semissólidos pelo emprego do picnômetro.

Utiliza-se a massa específica do ligante betuminoso na dosagem volumétrica de misturas – método Marshall.

Massa específica de materiais asfálticos semissólidos

Procedimento de ensaio – DNER ME 193/96

A – Calibração do picnômetro

1º passo Medir a massa do picnômetro com a tampa limpa e seca (precisão de 0,001 g), A = ______ g;

2º passo Adicionar água destilada ou deionizada completando todo o volume do picnômetro e posicionando a tampa firmemente;

3º passo Colocar o picnômetro + água + tampa no banho a temperatura (25 ± 0,1)°C por um período de no mínimo 30 min;

4º passo. Remover o conjunto do banho e secar com um pano a superfície do picnômetro rapidamente e medir a massa do conjunto. B = _______ g;

B – Procedimento de ensaio (realizar duas determinações)

1. Aquecer a amostra de ligante asfáltico a temperatura suficiente para torná-la fluida não ultrapassar 177°C;
2. Verter a amostra de ligante asfáltico no picnômetro seco e levemente aquecido até ¾ de sua capacidade;
3. Deixar o ligante asfáltico esfriar em temperatura ambiente por um período de, no mínimo, 40 min;
4. Medir a massa do picnômetro + amostra + tampa.
5. C1 = ______ g e C2 = ______ g;

6. Completar o volume do picnômetro com água destilada ou deionizada e posicionar a tampa firmemente e colocar o conjunto no banho a temperatura de (25 ± 0,1)°C por um período de, no mínimo, 30 min;
7. Remover o conjunto do banho e secar com um pano a superfície do picnômetro rapidamente e medir a massa do conjunto.
8. D1 = ______ g e D2 = ______ g;

Nota

1. O picnômetro não deve ser utilizado em temperatura diferente da que foi calibrado.
2. A diferença entre as densidades e as duas determinações não devem ser superior a 0,002.

	Fórmula	Determinações	Média
Massa específica	$\gamma b = \frac{C-A}{(B-C)-(D-C)}$	$\gamma b_1 = \frac{\quad}{\quad} =$	$\gamma b = \_\_\_\_\_\_ g/cm^3$
		$\gamma b_2 = \frac{\quad}{\quad} =$	

Observações

____

____

____

____

____

____

____

____

____

CTP • Impressão • Acabamento
Com arquivos fornecidos pelo Editor

EDITORA e GRÁFICA
VIDA & CONSCIÊNCIA

R. Agostinho Gomes, 2312 • Ipiranga • SP
Fone/fax: (11) 3577-3200 / 3577-3201
e-mail:grafica@vidaeconsciencia.com.br
site: www.vidaeconsciencia.com.br